# 시화호,
## 새살이 돋다

# 시화호, 새살이 돋다

**_생태계의 보고로 거듭나는 시화호 이야기**

**초판 1쇄 발행** 2020년 12월 23일

**지은이** 김경태·이민형·이재성
**펴낸이** 이원중

**펴낸곳** 지성사 **출판등록일** 1993년 12월 9일 **등록번호** 제10-916호
**주소** (03458) 서울시 은평구 진흥로68(녹번동) 정안빌딩 2층(북측)
**전화** (02) 335-5494 **팩스** (02) 335-5496
**홈페이지** www.jisungsa.co.kr **이메일** jisungsa@hanmail.net

ⓒ 김경태·이민형·이재성, 2020

**ISBN** 978-89-7889-456-2 (04400)
**ISBN** 978-89-7889-168-4 (세트)

이 도서의 국립중앙도서관 출판예정도서목록(CIP)은 서지정보유통지원시스템
홈페이지(http://seoji.nl.go.kr)와 국가자료종합목록 구축시스템(http://kolis-net.nl.go.kr)에서
이용하실 수 있습니다.(CIP제어번호 : CIP2020052588)

# 시화호,
# 새살이 돋다

### 생태계의 보고로 거듭나는
### 시화호 이야기

김경태
이민형
이재성
지음

지성사

# 차례

인간은 오래전부터 육지를 얻기 위해 호수나 바다의 일부를 메우는 간척을 해왔습니다. 이렇게 얻은 땅에는 농사를 짓기도 하고, 신도시 같은 주거 단지를 비롯해 다양한 산업시설 따위를 만들기도 하였습니다.

우리나라 서해안은 해안의 굴곡이 심하고, 밀물과 썰물의 차이가 클 뿐 아니라 수심이 비교적 얕아서 썰물 때에는 매우 넓은 갯벌이 드러납니다. 이런 곳은 어느 누구라도 대규모 간척사업 지역으로 아주 유리한 조건을 갖추고 있다고 생각하겠지요.

시화(시흥과 화성의 첫 글자를 조합해서 만든 이름)지구 개발사업은 우리나라 서해안, 곧 경기도 군자만의 안산과 시흥, 화성 지역에 접한 연안에서 이루어진 간척사업으로 여러 가지 용도의 땅과 호수를 만드는 것이 목적이었습니다.

7년간의 공사 끝에 1994년 1월, 총길이 12.7킬로미터의 시화방조제가 만들어졌고, 방조제 안에는 총저수량 3.32억 톤의 시화호라는 인공 호수가 탄생하였습니다. 시화호는 방조제가 만들어졌을 당시엔 바닷물이 담긴 해수호였지만, 주변에서 흘러 들어오는 민물을 이용해 서서히 담수호로 바꾼 후 나중에 조성될 간척 농지에 농업용수를 공급할 예정이었습니다.

그러나 시화호는 탄생하자마자 너무나 빠르게 자연과 인간을 위협하는 환경 재앙으로 다가왔습니다. 생명이 사라진 "죽음의 호수"라는 치욕스런 이름으로 불리게 된 것이지요. 탄생이라는 단어에 걸맞은 축하와 축복을 받지도 못하였으니, 미래에 펼칠 꿈은 먼 나라 이야기였습니다. 이는 시화지구 개발이라는 간척사업을 하면서 꼭 해야만 했던 오염물질 유입 저감을 제대로 하지 못한 뼈아픈 결과였습니다. 간척사업으로 변해버린 바다는 이전의 바다를 터전으로 하던 생명체는 물론이고, 바다와 갯벌에서 손쉽게 얻을 수 있는 수산물로 생활하던 주민들의 삶에도 큰 변화를 가져왔습니다.

죽어가는 시화호로 들끓는 시민과 사회, 언론 그리고 전문가의 목소리에 그 심각성을 깨달은 정부와 사업 시행자는 늦게나마 '소 잃고 외양간 고치기'를 시작하였습니다. 정부, 지자체, 사업 시행기관들 모두가 지혜와 힘을 합쳐 환경개선계획을 마련하였고, 어렵지만 각자의 역할과 임무를 차근차근 수행하였습니다.

시화호에 대한 오염물질 부담을 덜고자 하수처리장을 늘리고, 하수에 포함된 영양염을 없애는 고도처리 도입, 하천수의 오염물질을 줄이기 위한 인공습지 건설, 산업단지에서 누출되는 폐수를 모아 처리장으로 보내는 차집관로 설치 등의 환경개선사업들이 이루어졌습니다. 이와 동시에 방조제 안과 밖의 바닷물을 교환하는 해수 유통이 효과적인 수질 개선이며, 담수호로 유지하기 어려울 것이라는 예측이 나오면서 시화호는 해수호로 자리 잡게 되었습니다.

이후 해수 유통량을 크게 늘려야 한다는 결론에 도달하였고, 해수 유통량을 확대할 수 있는 시화호조력발전소를 건설하기에 이르렀습니다. 오랜 기간의 공사 끝에 2011년부터 가동을 시작한 발전소는 시화호 수질을 개선하고, 생태계를 회복시키는 기본 목적 외에도 부차적으로 신재생에너지를 생산할 수 있었습니다. 아직 만족스런 수준은 아니지만 이러한 목적은 어느 정도 이루지고 있습니다.

2021년 1월이면 시화호는 스물일곱 살이 됩니다. 거의 한 세대가 지나는 동안 시화호는 죽음의 터널에서 응급 수술과 장기간의 치료를 받으며 이제야 작은 희망의 메시지를 전해주고 있습니다. 수질이 좋아지고, 예전에 살던 생물들이 하나둘 다시 돌아오면서 생물의 다양성이 회복되고 있는 것은 우리 모두가 노력해서 얻은 소중한 열매입니다.

하지만 그 열매는 아직 영글지 않은 풋과일에 불과합니다. 향기롭고 맛있는 최고의 열매를 원한다면, 지금부터가 시화호 환경을 위협하는 것들에 더 관심을 갖고 관리해야 하는 중요한 때임을 잊지 말아야 합니다. 만약 이것을 소홀히 한다면 시화호는 자연과 인간이 함께하는 건강하고 생명력 있는 바다 호수, 미래 세대에 물려줄 가치 있는 유산으로 남을 수 없습니다.

『시화호, 새살이 돋다』라는 책 출간에 있어 자료와 사진 제공, 원고를 검토해주신 구본주 박사님, 이계숙 대표님, 최종인 선생님에게 감사드립니다. 끝으로 시화호를 살리기 위해 보이는 곳과 보이지 않는 곳에서 노력하신 모든 분, 책의 시작부터 끝까지 오랜 시간 인내하며 이끌어주신 조정현 선생님 그리고 지성사 여러분에게 감사드립니다.

그럼 시화호의 숨겨진 이야기를 찾아 우리 함께 시간 여행을 떠나봅시다.

## 1부

# 시화호 탄생과
# 사라진 생명

우리나라 지도를 보면 동해안은 매끄러운 해안선을 보이지만 서해안은 유난히 들쑥날쑥 굴곡이 심하다. 이러한 해안을 리아스식 해안이라 부르는데, 시화호는 바로 이 서해 중부 연안에 자리하고 있는 인공 호수이다. 행정구역으로는 경기도 시흥시, 안산시, 화성시 등 3개의 도시에 접해 있으며, 서울, 인천, 수원, 평택 등 도시에서 가깝다.

시화호라는 이름은 시화방조제가 시작되는 시흥시 오이도 지점과 끝나는 화성시 전곡항 지점을 관할하는 행정기관인 시흥시와 화성시의 첫 글자를 따서 지었다. 12.7킬로미터의 시화방조제는 시흥시 오이도, 안산시 대부도, 불도, 선감도, 탄도, 화성시 전곡항을 이어주어 쉽게 접근할 수 있다.

시화호 가까이에 있는 대부도, 탄도, 오이도, 형도, 우음도 등의 섬들과 시화호 갈대습지공원, 대부도 갯벌습지보

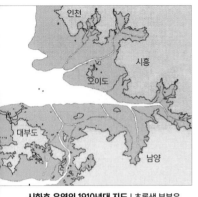

**시화호 유역의 1910년대 지도** | 초록색 부분은
썰물 때면 드러나는 갯벌이다.

호구역, 시화호조력발전소와 달전망대, 천연기념물로 지정된 공룡알 화석산지 등은 관광지를 방문하거나 레저를 즐기는 사람들의 발길이 잦은 곳이다. 하지만 10여 년 전까지만 해도 시화호는 죽음의 호수, 오염의 대명사로 알려져 사람들이 찾기를 꺼려하는 곳이었다.

## 시화호 주변 지역의 역사와 문화

시화호는 방조제 건설 전에는 군자만(灣, 바다나 호수가 육지로 파고 들어와 있는 곳)이라 불리던 곳으로 조간대[01]와 조하대[02]를 포함한 바다였다. 만의 가장자리 쪽 바다에 접한 곳은

. . .
**01** 조석 변화에 따라 해수면이 가장 낮은 간조 때에는 수면 위로 노출되고, 해수면이 가장 높은 만조 때에는 수면 아래에 잠기는 연안 지역
**02** 간조 때에도 노출되지 않는 연안 지역

드넓은 갯벌[03]과 염습지[04]이고, 좀 더 깊은 육지는 평야, 또는 완만한 모양의 구릉지대가 펼쳐져 있어 예로부터 해양문화와 농경문화가 공존하였다.

시화호와 인접한 시흥시, 안산시, 화성시의 연안에서는 선사시대 유물인 패총, 빗살무늬토기와 그물추, 해산물 가공에 사용되던 석기 그리고 해안 주변의 여러 곳에서 고인돌이 발견되었다. 이러한 사실로 미루어 시화호 주변은 선사시대부터 어로 행위가 활발하였던 삶의 터전이었음을 알 수 있다. 특히 오이도 곳곳에서 신석기시대 패총 유적이 발견되면서 2002년에 사적 제441호(시흥 오이도 유적)로 지정·보존되고 있으며, 오이도 패총에서는 많은 양의 빗살무늬토기와 석기, 골각기[05], 움집터[06]가 확인되었다.

또한 이곳은 안으로는 수도 서울과 가깝고 밖으로는

. . .

**03** tidal flat, 갯가의 넓고 평평하게 생긴 땅. 밀물 때에는 물에 잠기고 썰물 때에는 물 밖으로 드러나는 모래 점토질의 평탄한 땅으로 육지와 바다를 이어주는 완충지대 역할을 하고 있음

**04** salt marsh, 조석에 따라 바닷물이 드나들어 소금기의 변화가 큰 축축하고 습한 땅. 거머리말(잘피), 해조류 따위의 염생식물이 서식함

**05** 동물의 뼈, 뿔, 치아, 조개껍데기 등을 소재로 만든 도구류의 총칭

**06** 지상에서 30~100cm 정도의 깊이로 넓은 구덩이를 파고 그 밑에 바닥 시설을 한 뒤 기둥을 세워 지붕을 덮은 주거 형태. 선사시대의 대표적인 집터 양식으로 수혈주거지라고도 함

황해를 사이에 두고 중국과 마주하여 역사적으로 문화와 경제 교류가 활발한 지역으로서, 한때 늘어나는 중국 무역인들이 체류할 수 있는 당인촌(唐人村)이 생겨나기도 하였다. 삼국시대 이후에는 분쟁이 잦아 여러 개의 산성이 만들어졌다.

대부도는 강화도와 함께 고려시대 몽고 항쟁의 격전지였고, 남양만 일대는 외적을 막기 위한 최전선 방어지였다. 안산의 별망성과 남양의 별망진성은 이때 만들어져 조선시대까지 사용되었으며, 조선시대 경기도 수군을 총괄하는 남양도호부가 지금의 화성시 송산면에 설치되었다. 이 같은 사실만으로도 시화호 주변은 경제적으로나 전략적으로 중요한 지역이었다는 것을 알 수 있다.

조선시대에는 세금을 곡식이나 특산품으로 걷는 경우가 많았다. 이렇게 세금으로 낸 물건을 실은 배를 조운선이라 하였는데, 대부도 근처 바다는 한반도의 서쪽 지역인 전라도와 충청도에서 오는 조운선이 한강으로 올라가는 중요한 경로였다. 궁중의 음식을 맡아보는 관청인 사옹원에서는 이곳에 분원 격인 안산어소를 만들어 임금을 위한 수산물을 공급하였다. 근대에는 서구 세력과 근대

산업문명의 유입 통로가 되어 다른 지역보다 개화가 빨리 진행되었으며, 나중에 천주교가 청나라에서 군자만을 통해 들어오기도 하였다.

경기만 지역은 조선시대부터 어업과 염업(鹽業)이 번창하였다. 당시 갯벌과 관련한 어업 도구로 어량(魚梁)이 많이 사용되었는데, 전국 약 360개 어량 중에서 1/3 정도가 경기만 일대에 설치되었다. 어량이란 물살을 가로막고 물길을 한군데로만 터놓은 다음, 거기에 통발이나 살을 놓아 물고기를 잡는 장치이다.

어업과 염업의 급격한 성장과 더불어 이 일대에서 생산된 갖가지 수산물은 사강과 사리, 소래 등의 어시장을 통해 내륙의 각 지역으로 퍼져 나갔다. 경기만의 소래, 남동, 군자 등의 염전 지대에서 생산되는 소금을 수송하기 위해 1937년에는 인천의 송도와 수원을 잇는 협궤철도[07]가 건설되었다.

대부도 갯벌에서 발견된 토기

대부도 석곽묘 발굴 현장

오이도 선사유적공원에 있는 움집

시화호와 가까운 소래습지생태공원에 있는 염전

**협궤열차 선로** | 협궤열차는 수원~인천 구간을 운행하면서 안산과 시흥을 통과하였다.
지금은 선로가 사라지고 새롭게 전철이 개통되었다.

# 경제개발을 위한
# 국토 확장

## 간척과 인공 호수

호수나 바닷가를 돌멩이, 모래, 흙과 같은 재료로 메워 땅(육지)으로 만드는 것을 간척이라 한다. 우리나라는 예부터 사계절이 뚜렷한 온대기후지역이어서 농경문화가 발달하였고, 벼 재배가 적합하여 쌀이 주식으로 자리 잡았다. 하지만 산이 많은 지형적 특징으로 논농사에 필요한 경작지가 부족하여 새롭게 경작지를 만들기 시작하였다. 역사적으로는 고려시대 몽고군의 침입으로 강화도로 도읍을 옮기면서 연안에 방조제를 만들어 해상 방어와 함께 군량미를 조달하고자 간척이 시작되었고, 이후로도 농업용지 확보 차원에서 간척이 활발하게 이루어졌다.

최근에는 산업화, 도시화에 따라 농업용지를 확보하는

**연안의 인공 호수** | 아산만에 있는 석문호와 배수갑문(왼쪽), 천수만 안에 있는 보령호(오른쪽)

것 외에도 부족한 산업단지나 항만 부지, 주거 용지 등을 마련하기 위해 여러 곳에서 다양한 규모의 간척이 이루어지고 있다. 대규모로 만들어진 간척지의 경우, 하나의 목적을 가진 단일 용도보다는 여러 가지 목적을 가진 복합 용도로 사용되는 경우가 많다.

한편 간척지를 농업용지로 사용할 때에는 필요에 따라 간척지 내에 인공적으로 호수를 만들기도 한다. 바닷물로는 일반적인 농작물을 재배할 수 없는 이유가 염분[08]이 성장을 방해하고, 수확량을 감소시키기 때문이다. 그래서

• • •

**08** salinity, 바닷물 1kg 중에 녹아 있는 염류의 총량을 g수로 나타낸 것. 단위는 예전엔 ‰, 요즘엔 psu를 사용하며, 전 세계 바다의 평균 염분은 35psu로 알려져 있음

작물을 키우는 데 필수적인 민물을 공급하기 위해 호수를 만든다. 초기에 호수 안에 갇히는 물은 바닷물로서 염분을 다량 포함하고 있다. 호수의 물을 농업용수로 이용하기 위해서는 담수화 과정이 필요한데, 이는 주변 유역에서 흘러드는 민물을 간척지 내 호수로 끌어들여 바닷물을 민물로 서서히 교체하는 것이다.

## 왜 시화지구를 개발하였는가?

우리나라 서해안은 굴곡이 심한 지형적 특징, 조위(潮位, 조수의 흐름에 따라 변화하는 해수면의 높이)의 차에 의해 넓게 발달한 갯벌 그리고 얕은 수심으로 인해 대규모 간척을 하는 데 있어 비용과 공사 기간 측면에서 유리한 조건을 지니고 있다.

시화호를 포함해 대규모 간척지를 조성하기 위한 사업 구상은 이미 1970년대부터 서서히 시작되었다. 그러다가 1970년대 후반에 국가 경제에 크게 기여하던 중동 지역의 건설 경기가 침체되고 장기화하면서 중동에 파견되었던 근로자들이 철수하기에 이르렀다. 이에 국내 경기 위축을

**반월특수지역 개발계획**

막고자 경제계에서는 간척사업을 건의하였고, 농수산부가 1982~1984년에 시화지구 기본조사를 하게 되었다. 이후 간척지의 사용 목적에 대한 의견이 나뉘기도 하였으나, 1986년 7월에 시화지구 개발사업이 확정되었다. 이와 함께 역시 경제적 상황을 이유로 경기도 김포간척지와 충청남도 서산간척지의 간척사업도 확정되었다.

시화지구는 두 단계로 개발되었다. 1단계는 도시를 개발하고 농지를 만들며 방조제를 건설하는 것이었다. 이때 농업용수 공급에 쓰일 시화호와 방조제가 완성되면 정부기관인 농수산부가 이를 맡아서 관리하기로 하였다. 2단계는 간척이 완료된 후, 개발된 농지와 도시 및 공업단지를 활용하는 것이었다. 그런데 시화호는 서울과 가까운 곳으로 당시 국가정책이 서울과 그 근교에 너무 많은 인구가 살지 않고, 회사나 공장 등 산업시설도 몰리지 않도록 하는 것이었으므로 당장은 확정하지 않기로 하였다. 하지만 장래에 필요하다면 도시, 공장용지 등으로 계획을 세워 사업을 진행하기로 하였다.

## 간척사업으로 얻은 호수와 땅

1987년 6월에 방조제 조성 공사를 시작하여 거의 7년 뒤인 1994년 1월, 총 12.7킬로미터의 시화방조제가 건설되었다. 방조제 안에는 유역면적이 476.5제곱킬로미터에 이르는, 56.5제곱킬로미터(탄도호 7.6km² 포함) 크기의 호수가 만들어졌으며, 필요할 때 호수의 물을 빼내기 위해 배수갑문 2개소(시화, 탄도)도 함께 만들어졌다.

이 호수의 총저수량은 3.32억 톤으로 호수의 수위를 평상시에는 EL(평균해수면 기준 높이) -1.0미터, 홍수 때에는 EL +0.1미터로 인위적으로 관리하게 된다. 그런데 수위를 이렇게 관리하게 되자, 간척 전 썰물 때만 드러나던 갯벌의 많은 부분이 호수 안에서는 항상 드러나게 되었다. 간석지라고 불리는 이곳의 면적은 호수 남측이 97.09제곱킬로미터, 북측이 11.87제곱킬로미터로 총 108.96제곱킬로미터에 이르렀다.

이 간석지는 사업계획에 따라 추가로 호안[09]을 쌓고 골재와 흙으로 메워, 사람들이 활용하기에 적합한 땅으로 만들어서 사용하게 된다. 2020년 현재 이렇게 만들어진 땅에는 산업단지와 주민을 위한 주거지 그리고 신도시 건설이 완공 또는 진행 중에 있다.

처음 농업용지로 사용하기 위해 마련한 대규모 농지개발은 축소되어 총 43.96제곱킬로미터(간척농지 36.36km², 담도호 7.6km²)의 면적을 개발할 예정이었지만 원래 계획한 대로 농사를 짓지 못하고 있다. 그 원인은 시화호 때문이라 할 수 있는데, 원래 시화호는 농사에 사용할 물을 공급하기 위해 만들었지만 수질이 악화하면서 담수화되지 못하였다.

...
09 강이나 바다의 기슭이나 둑, 매립지 따위가 조류나 파도로 침수, 침식되지 않도록 축조한 시설

오이도에서 바라본 시화방조제 도로(오른쪽의 전면 방향)와 시화 MTV(고가도로 건너편)

**시화지구 개발사업 현장** | 이미 개발된 반월산업단지(위쪽)와
시화산업단지(아래쪽)를 만들기 위한 매립 공사 모습

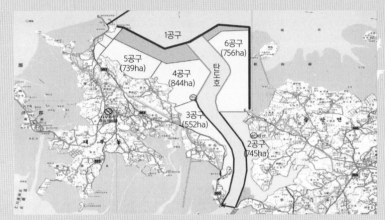

**대송단지 개발계획** | 시화호 간척으로 만든 땅의 일부에 대규모 농사를 짓는 계획을 마련하였는데, 현재는 시화호의 해수화로 대체 농업용수로 개발하고자 한 탄도호의 수질이 악화되어 사업이 지연되고 있다.(출처:한국수자원공사)

반월산업단지 전경

시화호 연안의 대규모 주거 단지

현재 시화호에 담긴 물은 바닷물로 해수호(海水湖)로 관리되고 있으며, 탄도호의 수질 또한 농업용수로 사용하기에는 부적합하다. 농지 개발을 주관하는 기관의 입장에서는 농사에 적합한 물을 어디서 어떻게 마련해야 하는지가 가장 큰 숙제로 남게 되었다.

그렇다면 시화호 사업계획의 목적 중 하나였던 산업단지는 어떨까? 시화호 주변에는 시화호가 만들어지기 전부터 운영되고 있던 산업단지인 반월특수지역 안산신도시(옛날에는 반월지구라고 불렀다)와 시화지구 개발사업으로 새로 만들어진 반월특수지역 시화지구가 있다. 이 두 지구는 대규모 국가산업단지로서 수도권에 흩어져 있던 공장 중 이전해야 할 시설들을 모으는 것이 기본 목적이었다.

이 지역에는 음식료, 섬유·의복, 목재·종이, 석유화학, 비금속, 철강, 기계, 전기전자, 운송장비, 기타 제조·비제조로 분류된 업체가 입주, 관리되고 있다. 업체 현황으로 보면 석유화학, 기계, 전기전자 업체 및 근로자 수가 각 산업단지별 전체 업종 및 근로자 수의 73~81퍼센트를 차지하고 있다.

시화멀티테크노밸리(시화MTV)는 시화호 해안선으로

부터 2~3킬로미터까지 추가로 매립하여 방조제를 쌓고 매립지 9.76제곱킬로미터를 만들어 조성한 산업단지로, 2020년 4월 기준으로 1006개 업체가 입주해 있다.

또한 1단계 사업에서 확정하지 않았던 주거용 단지도 인구 증가에 따라 주택을 공급해야 할 필요성이 생기면서 대규모 신도시로 개발하게 되었다. 시화호 북쪽에는 반월 특수지역에 포함된 안산신도시, 시화산업단지에 이웃하여 시화신도시가 조성되었으며, 지금은 시화호 남쪽의 화성시에 인구 15만 명이 살 수 있는 송산그린시티를 개발하고 있다.

# 변해버린 바다
# 그리고 주민의 삶

앞서 보았듯이 바다를 메꿔 땅을 만드는 간척사업은 엄청난 돈이 필요하고 치밀한 계획이 뒷받침되어야 하기에 한 회사나 한 지역에서 할 수 있는 일이 아니다. 시화호 간척사업도 국가와 여러 회사, 기관들이 힘을 합쳐 계획을 세우고 실행한 사업이었다.

그런데 이렇게 바다를 메꾸면 지도만 바뀌는 것이 아니다. 지도에서는 아주 작은 면적처럼 보이지만, 실제로는 엄청난 면적의 바다가 사라지는 것이어서 그곳에 살던 동식물도 크게 영향을 받는다. 바다가 사라지고 동식물이 영향을 받으면 그 주위에 살던 사람들도 영향을 받을 수밖에 없다.

그렇다면 간척사업이 시작되기 전, 시화호 주변의 사람들은 어떻게 살았을까? 원래 이들은 농사를 짓거나 어업을 통해 생계를 유지하였다. 마을의 위치에 따라 어업과 농사의 비중은 달랐지만, 바다와 농지가 함께 있는 지역적 특성을 활용하며 살고 있었다. 농사는 주로 포도, 배, 벼, 고추, 배추, 총각무, 파, 버섯 등의 작물을 재배하여 가정에서 소비하거나 판매하였는데, 농사만으로는 수입이 부족했던 주민들은 바다와 갯벌에 관심이 많았다. 이곳은 예전부터 수산자원이 풍부하여 염전에서는 소금을 생산하였으며, 조석에 맞춰 여러 종류의 생선과 조개를 잡고 해조류를 기르거나 채취하였다.

우리나라에는 어촌계라는 조합이 있다. 전국적으로 수산물을 생산하는 어장과 갯벌을 중심으로 발달하는 일종의 공동체인데, 어민들로 구성되어 있다. 어촌계는 어민들의 생활 근거지일 뿐 아니라 어촌의 발전과 공동체의 유대를 강화하는 조직으로 자리 잡고 있다. 시화호 개발 지역 주변도 어업이 성행했던 만큼 어촌계가 있었다. 오이도, 대부도, 제부도, 형도, 어도 등 크고 작은 섬들에 사는 주민들은 어업활동을 활발하게 하였고 법인, 또는 마을 단위 어촌계가 성황을 이루었다.

## 주민 생활과 산업의 변화

시화방조제의 건설로 섬이었던 오이도, 대부도, 불도, 선감도, 탄도와 전곡항이 방조제로 이어지고 우음도, 어도, 형도는 시화호 안에 갇혀 육지로 변했다. 그러자 어장이 사라지면서 배들은 바다에서 갈 길을 잃게 되었고, 배들이 드나들던 포구는 더 이상 존재 가치가 없어졌다.

통계자료에 따르면 경기도와 인천 지역의 수산물 생산량은 방조제 공사 전인 1987년에 약 10만 톤이었으나, 방조제가 건설되고 2년 후인 1996년에는 약 4만 톤으로, 6만 톤이나 감소하였다. 수산물 생산량이 감소한 가장 큰 이유는 방조제 공사 때문이다. 곧 시화지구 개발지역에 포함된 바다와 갯벌에서 채취하던 어류, 조개, 갑각류가 많이 줄어든 것이다.

이로 인해 이곳에서 어업을 주업으로 하여 살아온 주민들은 개발사업으로 생길 피해에 대한 보상을 받게 되었다. 하지만 생계의 터전인 자연과 환경을 금전인 재화로 바꾸는 상황에서 개발사업 주체와 주민 간 충돌이 일어났고, 주민들 사이에도 갈등이 생기는 등 어려움이 있었다.

결국 보상이 이루어지기는 하였으나, 어장이 사라지면서 마을공동체는 해체되었다. 어촌계도 유명무실해지면서 평생을 직간접으로 어업에 기대어 삶을 꾸려가던 주민들은 생업을 바꾸거나, 원치 않게 삶의 터전을 떠날 수밖에 없었다. 시화호 개발지역뿐만 아니라 간척사업에 필요한 흙과 골재를 채취하는 토취장 개발지역에 거주하는 주민들도 터를 옮겨야만 했다.

시화호 주변 지역이 어떻게 변했는지, 지금은 주말 관광지로 유명한 대부도의 예를 살펴보자. 대부도는 전통적으로 농업이 차지하는 비율이 어업에 비해 높았다. 주요 생산물은 호도, 쌀, 밭작물, 수산물, 소금 등 여러 종류의 농수산물이었으며, 1991년 이전 주민들은 소득을 쌀농사에 많이 의지하고 있었다. 염전도 있었지만, 전라도 지역과 달리 오래전부터 사양화의 길을 걷고 있었다.

시화방조제 건설 이후에는 어떻게 변했을까? 어업에 대한 폐업 보상이 이루어졌고, 수산자원이 고갈되면서 어업에서 농업으로 전업하는 주민들이 생겨났다. 토지이용 현황을 보면 기존의 농가 외에 수산업에서 농업으로 전업하여 영지버섯을 재배하거나, 예전부터 이어져온 포도 재배 면적을 크게 늘리는 등 재배 면적이 뚜렷하게 증가하였다는 것을 알 수 있다. 간척사업 초기에는 간석지의 먼지로 인해 영지버섯과 포도 피해에 대한 민원과 보상 요구가 거세었다. 요즘은 시화호 주변의 포도 재배 단지에서 생산되는 질 좋은 포도를 알리고, 판매를 촉진하기 위한 포도 축제를 열고 있다.

한편 방조제의 건설로 육로로 섬들을 방문할 수 있게 되자, 수도권 주민들이 이곳을 쉽게 찾아올 수 있게 되었다. 관광객의 발길이 잦아지면서 주변 바다에서 나오는 수산물을 이용한 횟집, 바지락과 해물이 풍부하게 들어간 칼국수 등을 파는 음식점 그리고 휴식과 숙박이 가능한

**시화방조제 도로에 위치한 오이교에서 바라본 방조제와 달전망대** | 그 옆으로 시화조력문화관과 조력발전소가 보인다.

**시화호에 인접한 지역의 포도 재배** | 대부도와 화성 송산에는 포도를 재배하는 농가들이 많이 있으며, 수확기에는 포도 축제로 성황을 이룬다.

펜션을 운영하는 주민들이 늘어났다. 일부 주민은 평생을 이어온 생업을 지속하기 위해 시화호 바깥 바다에서 어업 활동을 하기도 한다. 폐업에 따른 보상 이후, 전업에 실패하거나 생계유지가 곤란한 지경에 이른 주민도 많았다.

## 사라진 갯벌

갯벌은 밀물과 썰물에 의해 운반된 물질이 오래도록 쌓여서 만들어진 해안 퇴적지형이다. 강과 바다로부터 온 물질들이 긴 시간 동안 축적된 자연의 산물인 셈이다. 우리나라 서해와 남해는 뚜렷하게 밀물과 썰물이 주기적으로 일어나고, 하천과 바다에서 온 물질이 쌓이기 좋은 환경을 갖고 있어 갯벌이 발달되어 있다.

경기도의 갯벌은 1987년 1179.6헥타르(1ha=0.01km²)에서 2008년에 168.8헥타르로 줄어들어 20여 년 사이에 약 1000헥타르가 줄어든 것으로 나타났다. 감소 원인은 다리나 방조제 등을 건설하여 육지와 섬을 잇는 연륙화 사업 가운데 방조제 형태의 연결도로 건설 그리고 간척 때문이다. 특히 반월, 시화 산업단지, 시화MTV사업, 도시개

**갯벌의 변화** | 간척 후 육지로 변한 곳에 산조풀이 자라고 과거 갯벌이 군데군데 드러나 있다

**삶의 터전을 잃고 폐사한 맛조개**

발과 연계하여 수립된 시화지구 간척사업을 위해 약 2만 헥타르의 갯벌을 매립하였고, 결국 자연 해안의 1/3이 사라지게 되었다.

시화호 주변 바다는 원래 밀물과 썰물의 차이가 최대 9미터에 이르러 썰물이 시작되면 갯벌이 서서히 드러나다가 간조 때 넓게 펼쳐지는 것을 볼 수 있다. 그러나 시화지구 개발사업으로 방조제 건설 전, 썰물 때 -4~5미터 아래로 내려가면서 널찍하게 펴지던 갯벌을 더 이상 볼 수 없게 되었다. 결과적으로 방조제 안의 호수에서는 평균해수면 기준 높이 -1.0미터 아래의 갯벌은 볼 수 없는데, 이것은 그 갯벌에 정착해 살던 생물들도 생활의 변화를 겪게 되었다는 것을 의미한다.

## 시화호는 시한부

갯벌의 예처럼 사람의 힘으로 자연을 바꾸는 일은 크든 작든 변화를 일으킨다. 그렇기 때문에 육지와 연안, 바다에서 개발사업을 하는 경우에는 그 사업으로 환경에 미치게 될 영향을 파악하고 그 영향을 최소화하기 위해 조사, 예측, 평가를 한다. 이를 '환경영향평가'라고 하며, 이때 협의된 사항들을 꼭 실천하여야 한다.

시화지구 개발사업 역시 공사를 시작하기 전에 환경영향평가를 수행하고 협의를 마쳐야만 했다. 그러나 환경영향평가는 처음부터 쉽지 않았다. 환경에 끼치는 영향을 어디까지 조사하고 평가해야 하는지 범위를 정하는 데 여러 의견으로 나뉘었고, 설상가상으로 환경영향평가를 마치기도 전에 공사가 시작되었다. 방조제 공사는 이미 1987년 6월에 시작하여 진행 중이었으나, 당시 우리나라의 환경을 관리하는 기관인 환경청에는 1988년 9월에야 환경영향평가에 대하여 협의를 한 것이다.

시화호는 나중에 오염의 대명사가 되었는데, 처음부터 환경을 무시했으니 당연한 일이었는지도 모른다. 하지만

시화호로 오염물질을 흘려 보내는 하천들

농경지를 흐르는 반월천

시화산업단지를 흐르는 간선수로

도심을 흐르는 안산천

**산업지역을 흐르는 신길천** | 여러 가지
오염물질의 농도가 높으며,
물의 표면에 기름막이 보인다.

지금과는 달리 그때는 환경을 중요하게 생각하지 않았다. 환경보다는 경제적인 이익을 위해 사업을 빨리 시행해야 한다는 생각이 강했다. 그렇다면 당시 사람들은 시화호가 완공된 후 환경적으로 어떤 문제가 일어날지 몰랐을까? 이것을 알아보려면 뒤늦게나마 이루어진 환경영향평가 협의 조건을 살펴보는 것이 좋다.

당시 시화방조제 환경영향평가 협의 조건을 보면 첫째, 도시로 개발하기로 한 지역에 대하여 따로 환경영향평가를 실시할 것, 둘째, 시화호로 들어가는 오염물질 양을 줄이기 위해 하수[10] 처리장 방류수를 방조제 완공 이전에 외해(外海)에 방류할 것, 셋째, 주민들이 많이 사는 지역이나 논과 밭, 과수원 등에서 발생하는 오수(汚水)를 호수 안으로 직접 들어가지 않게 할 것, 넷째, 호수의 물을 정기적으로 교체해줄 것 등이었다.

이런 조건이 있었던 이유는 시화호 유역에서 호수로 들어오는 물만으로 바닷물을 민물로 만들기에는 그 물의 양과 수질이 적절하지 않아 심각한 문제를 일으킬 가능성

• • •
10 가정에서 사용하고 버려지는 오수 및 공장의 폐수 등을 두루 일컬음

**간척 후 노출된 갯벌의 침식** | 식물이 자리 잡은 곳과 달리 강우에 의해 깎였다.

시화방조제 밖에 펼쳐진 갯벌

오이도 갯벌에서 먹이를 찾고 있는 저어새

이 높았기 때문이다. 이 조건들은 호수로 민물이 들어올 때 함께 유입되는 오염물질을 많이 줄여야 하며, 호수의 환경을 개선하기 위한 방안이 먼저 이루어져야 한다는 것을 강조하는 의미였다.

실제로 시화호가 거대한 오염 호수가 된 것도 환경영향평가에서 필요하다고 했던 조건들이 제대로 시행되지 않았던 탓이 크다. 그 요인을 하나씩 살펴보자.

첫째, 시화호 유역에 공장과 인구가 많아지면서 공장의 폐수[11]와 생활에서 쓰고 버리는 하수 등이 급격히 많아졌다. 둘째, 공장과 인구가 많아지는 데 반해, 지자체에서는 하수와 폐수를 처리하는 하수처리장 등의 환경기초시설을 뒤늦게 확충했다. 셋째, 화성시 지역에서 소, 돼지, 닭 등 가축을 키우며 나온 폐수를 처리하지 않은 채 시화호로 흘려 보냈다. 넷째, 하수관이 제대로 연결되지 않거나 파손되어 오폐수가 시화호로 유입되었다. 다섯째, 시화호로 물이 흘러 들어오는 유역면적에 비해 시화호 규모가 커서 유입된 물이 장기간 체류하는 것 등이었다. 시화호는 그때까지 우리 사회가 신경 쓰지 않았던 환경에 대한 의식 부족으로 오염이 된 것이라 할 수 있다.

<br>

...
11 기업체에서 생산 활동을 하면서 발생하는 산업폐수. 공장폐수라고도 하며, 산업폐수의 경우 폐수종말처리장에서 별도의 처리를 함

# 잃어버린 후
# 깨달은 사실

## 갯벌 생태계

과거에는 갯벌이 육지에 비해 쓸모없는 곳이라는 인식이 강했다. 갯벌에 대한 연구가 부족해 갯벌은 농사도 지을 수 없고, 집도 지을 수 없는 곳이라 생각하였다. 그래서 갯벌을 쓸모 있는 땅으로 만들고자 수많은 간척사업을 벌였고, 그 결과 많은 갯벌과 자연 해안선이 사라지기에 이르렀다. 하지만 갯벌을 연구하는 사람들이 늘면서 지구의 기후와 환경을 위해 갯벌이 얼마나 중요한지, 그동안 인간에게 얼마나 많은 이로움을 주었는지 알게 되었다.

갯벌은 다양한 유기물, 무기물을 비롯해 식물과 동물이 균형을 이루며 살아가는 생태계의 하나이다. 대표적인 식물로는 칠면초, 나문재가 있으며, 동물로는 굴, 바지락,

동죽, 가무락, 맛 등 우리의 식탁에 오르는 다양한 종류의 조개와 고둥, 칠게, 농게, 콩게, 달랑게 등 게 종류 그리고 갯지렁이 등의 저서(底棲) 무척추동물이 있다.

갯벌에는 이러한 저서생물[12]을 먹이로 삼는 새들도 많다. 도요, 물떼새류는 갯벌이 중요한 삶의 터전이고, 가창오리나 청둥오리와 같은 오리류, 기러기류, 고니류, 저어새 같은 철새들이 갯벌을 찾아오는 이유도 갯벌이 휴식과 먹이 공급 장소인 동시에 알을 낳아 키울 수 있는 중요한 산란장 역할을 하고 있기 때문이다.

하지만 시화호와 같은 거대한 간척사업이 시작되면 많은 생물들이 삶의 터전을 잃게 된다. 갯벌에서 살아가는 생물들이 하나둘 없어지면서 종다양성도 훼손되는데, 그렇게 되면 먹이사슬이 무너지면서 생태계 전체가 악화된다. 생태계를 훼손하고 파괴하는 것은 쉽지만 원래대로 회복하는 데는 오랜 시간과 비용, 지속적인 노력이 필요하다. 그러므로 갯벌 생태계는 복원과 함께 안정된 상태를 보전하는 것만으로도 그 가치를 충분히 높게 평가할 수 있다.

...
12 해수와 담수 서식지의 바닥에 사는 수중생물

# 갯벌의 가치에 대한 재발견

이제는 상식이 되었지만 갯벌은 다양한 생물이 살아가는 터전으로서 서식지, 산란장, 보육장으로서 매우 중요한 생태계를 이룬다. 갯벌은 밀물과 썰물에 의해 주기적으로 물에 잠기고 드러나기 때문에 서식 환경의 변화가 크고, 이로 인해 생물이 받는 스트레스가 높아서 적응이 쉽지 않은 곳이다. 하지만 갯벌에는 여러 종류의 생물들이 훌륭하게 적응하며 살고 있다.

갯벌에 정착한 생물들은 대체로 좁은 면적에 많은 수가 함께 살아가고 있다. 일례로 연체동물의 하나인 조개는 살아 있는 유기물 저장고라 할 수 있다. 갯벌에는 유기물과 무기물이 수없이 흘러 들어오는데, 식물성 플랑크톤과 같은 유기체가 일차로 무기물을 소비한다. 식물성 플랑크톤은 다시 상위 갯벌 생물에게 먹히고, 이렇게 먹고 먹히는 먹이사슬에 따라 유기물은 생물들 사이로 이동하며 소화 후 배설, 또는 분해되는 과정을 거친다.

죽은 생물은 오염물질이 될 수 있지만, 갯벌에서 먹이사슬의 순환과정을 통해 정화되면서 갯벌이 생명력을 지속하고, 육지에서 바다로 유입되는 오염물질을 감소시키는 역할을 하게 된다. 갯벌을 자연의 거대한 오염물질 처리시설로 볼 수도 있는 셈이다.

우리가 잘 모르는 갯벌의 기능 중 하나는 갯벌이 태풍이나 홍수 같은 자연재해에 의한 피해를 줄여주는 스펀지 역할을 한다는 것이다. 스펀지가 많은 양의 물을 흡수하는 것처럼, 태풍이나 홍수로 갑자기 밀려드는 많은 양의 물을 갯벌의 모래나 펄이 흡수하여 육지로 침범하는 것을 늦출 수 있다.

넓은 면적의 갯벌과 갯벌에 사는 염생식물은 태풍 때 불어오는 강한 바람과 높은 파도를 약하게 하는 역할도 한다. 그뿐만 아니라 파도나 바람에 하구나 바닷가가 깎이는 것을 막아주기도 하고, 대기의 온도와 습도에 영향을 미쳐 기후조절에도 관여하는 것으로 알려져 있다.

사람들이 가장 직접적으로 느끼는 갯벌의 기능은 관광과 생태문화적인 역할이다. 사람들은 넓게 펼쳐진 갯벌을 보며 안정감을 느끼고, 갯벌에 사는 동식물을 보며 즐거워한다. 때로는 동식물을 직접 잡아 만져보기도 하면서 과학적 호기심을 채우고 체험학습을 하거나 휴식과 여가를 만끽하기도 한다.

갯벌은 또한 사람들의 삶의 터전이기도 하다. 갯벌 주변에 사는 사람들은 오래전부터 갯벌에 서식하는 김, 파래, 굴, 조개, 게, 고둥, 낙지, 어류와 같은 생물을 직접 잡아서 밥상에 올리기도 하고, 시장에서 팔기도 하였다. 요즈음은 자연 상태의 갯벌에서 채취하는 것과 함께 갯벌을 이용한 양식으로 많은 양의 수산물을 생산하기도 한다.

갯벌의 가치에 대한 연구는 아직도 많은 면에서 진행 중에 있다. 지금까지의 연구로 보면 갯벌의 생태적 가치는 농경지보다 100배, 먼 바다보다 40배 높다는 주장도 있다. 이러한 평가들을 통해 많은 사람들이 갯벌이 매우 중요하다는 것을 인식하게 되었다. 그 결과 국내외적으로 갯벌과 습지를 보전하고 복원하기 위한 시민, 사회, 연구 기관, 정부의 노력이 힘을 얻게 되었으며, 이제는 국가정책에도 반영되어 점점 체계를 갖추어가고 있다.

## 2부

# 그 후 벌어진
# 환경오염과 훼손

7년간의 공사 끝에 1994년 1월, 시화방조제가 만들어지면서 방조제 안에는 총저수량 3.32억 톤에 이르는 시화호가 생겼다. 이때 호수에 갇힌 물이 바닷물이었기 때문에 원래 호수를 이용하고자 했던 목적에 따라 짠 바닷물 대신 민물로 바꾸는 담수화 과정을 거쳐야 했다. 하지만 담수화 과정에서 시화호 수질은 급격히 나빠지기 시작했고, 방조제가 만들어진 지 불과 3년 만인 1997년 수질은 최악으로 나빠졌다.

1996년부터 시화호는 전국적으로 유명해지기 시작했다. 더러워진 물을 시화호 밖으로 배출하는 장면, 시화호 주변의 오염된 환경 등이 뉴스와 신문에 오르내리며 시화호가 환경오염의 대명사가 되었던 것이다. 대체 시화호를 오염시킨 원인은 무엇이었을까?

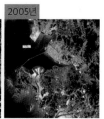

**시화지구 개발지역의 위성영상 변화** | 1997년 시화호 안의 물색이 짙은 색으로 오염되어 있음을 추정할 수 있다.

## 역할을 잃어버린 하천과 우수토구[01]

시화호를 오염시킨 주범은 하수처리장이 흘려 보낸 방류수, 산업단지에서 나온 폐수, 생활하수, 축산폐수와 함께 시화호 주변 유역에 흩어져 있는 비점오염물질[02]이다. 모든 물은 바다로 흘러간다는 말이 있다. 우리 집 싱크대에서 흘려 보낸 물은 지금 당장 하수구로 빠져나가는 것처럼 보이지만, 그 물이 지나는 곳을 함께 따라가 보면 낮은 데로 흘러가다가 결국 바다로 모인다는 것을 알 수 있다. 시화호 주변의 하수나 폐수들도 마찬가지였다. 하수나 폐수 속의 오염물질은 하천이나 우수토구를 거쳐 결국

...
**01** 雨水吐口, 합류식 하수도의 관 안으로 과도한 양의 물이 들어오는 것을 막기 위해 빗물을 배출하는 시설
**02** 도시, 도로, 농지, 산지, 공사장 등과 같이 광범위한 배출 경로로 유입되는 수질오염물질

시화호로 흘러 들어갔다.

그렇다면 시화호가 생기기 전에는 어땠을까? 실제로
그 전에 그곳은 그렇게 심하게 오염된 장소가 아니었다.
이유는 단순하다. 시화호가 생기기 전, 그곳은 호수가 아
니라 엄청난 양의 물이 밀려왔다 쓸려 나가는 바다였다.
이 말은 두 가지를 의미한다. 우선 시화호로 감당하지 못
할 많은 양의 오염물질이 들어온다는 것 그리고 시화호의
오염물질을 희석해줄 수 있는 물의 양이 부족하다는 것,
이것이 시화호 오염의 가장 큰 원인이었다고 할 수 있다.

그런데 왜 시화호의 오염물질을 희석해줄 물이 부족했
을까? 시화호 주변에는 자연 하천들이 있지만, 하천 폭이
매우 좁고 길이가 짧을 뿐 아니라 물의 양도 많지 않다. 현
재 시흥시에는 간척지에 조성된 시화산업단지와 주거지
부근을 흐르는 옥구천, 군자천, 정왕천, 성곡천이 있는데,
모두 자연 하천이 아니라 인위적으로 만든 직선형 수로
형태의 하천들이다. 또 반월산업단지 지하에 있는, 빗물
을 배출하는 7개의 우수토구는 파손되거나 폐수 배출관
과 연결되어 있어 상당한 양의 폐수를 직접 시화호로 흘
려 보내는 역할을 하였다.

안산과 시흥시에 있는 반월천, 안산천, 화정천, 신길천, 동화천과 화성시에 있는 삼화천, 구룡천 등도 하천 중상류 근처의 인구가 많은 도심지나 영세한 소규모 축산농가와 농경지 등을 통과하여 흐르면서 많은 오염물질을 시화호로 흘려 보냈다. 특히 축산농가의 경우, 가축의 똥과 오줌을 제대로 처리하지 않고 쌓아놓거나 방치해두어 비가 오면 하천으로 흘러 들어갔고, 이것도 결국 시화호로 유입되었다. 축산농가와 농경지로부터 흘러 들어온 오염물질은 인과 질소의 농도가 높다는 것이 특징인데, 안산천과 화정천 상류, 동화천과 반월천의 영향이 컸으며 이는 시화호의 부영양화[03]에 막대한 영향을 미쳤다.

시화호가 완공된 직후 급격하게 오염이 된 원인으로 제대로 처리되지 않은 생활하수와 산업폐수도 빠뜨릴 수 없다. 반월공단을 비롯하여 시화호 주변에는 당시 3000여 개의 공장이 있었는데, 이 공장들의 절반이 정화 처리가 전혀 되지 않은 폐수를 그대로 흘려 보냈다. 시화호 주변의 폐수처리시설로 안산하수처리장이 있었지만, 그때는 시

---

**03** 화학 비료나 오수의 유입 등으로 물에 인이나 질소 같은 영양분이 많아지는 것. 이것을 양분 삼아 플랑크톤이 비정상적으로 번식하여 수질이 나빠짐

설이 갖추어지지 않아 흙이나 모래와 같은 토사나 작은 부유물만 제거할 수 있을 뿐이었다. 따라서 오염을 일으키는 유기물, 영양염류[04], 중금속, 유기오염물질 등은 그대로 시화호 안으로 흘러 들어갔다. 게다가 일부 공장은 비가 오면 불법으로 폐수를 시화호로 흘려 보냈다.

시화호가 만들어진 후 상류의 호수나 하천, 농업지역이나 도시를 통과하는 하천에 비해 산업지역을 흐르는 하천이나 우수토구들에 매우 높은 농도의 중금속이 축적되어 있었으며, 장기간 존재하는 잔류성 유기오염물질의 오염 역시 심각하였다.

하천과 토구 유역으로부터 유입된 흙과 모래, 생물의 유해, 오염물질 일부가 바닥에 가라앉아 쌓인 것을 퇴적물이라 하는데, 이 퇴적물의 오염도는 지역 특성이나 지점에 따라 차이가 있다. 하천과 우수토구의 오염물질 농도와 유입량의 차이는 시화호 일부 해역의 오염 분포에 영향을 미쳤다. 시화호 주변 유역의 하천 퇴적물에 포함

...

04 생물의 정상적인 생육에 필요한 염류로서 바닷물 속의 규소, 인, 질소 따위의 염류를 통틀어 이르는 말. 식물플랑크톤이나 바닷말의 몸체를 구성하며, 그 증식의 요인이 됨

**반월산업단지의 우수토구** | 비가 오면 토구로
빗물이 흘러든다. 이때 도로나 관거(상수나 하수, 우수
따위가 흘러가도록 만든 관)에 축적된 오염물질 그리고
공장 폐수도 일부 들어와 시화호로 흘러간다.

**간선수로의 우수관거** | 비가 오면 관거를 통해
간선수로에 오염물질이 흘러들고
결국 시화호로 흘러간다.

**농경지를 흐르는 하천의 비 온 후 모습** | 물이
황토색을 띠고 있으며,
비점오염물질들도 많이 들어온다.

**비 온 날 반월산업단지 우수토구에서 채취한 시료** |
채취한 물이 시간에 따라 여러 가지 색을 띠는 것으로
보아 비가 오는 틈을 타서 고의로 폐수를 버린 것이다.

● 보통
● 약간 나쁨
● 나쁨
● 매우 나쁨

**시화호 주변 산업단지 내 하천 퇴적물의 중금속 오염도**

된 중금속은 하천의 하류로 갈수록 농도가 높았다. 그리고 도시, 또는 농업지역보다는 중금속을 많이 다루는 공장이 밀집한 산업지역의 하천에서 더욱 높은 중금속 농도를 보였다.

이렇듯 시화호가 완공될 당시 사회적으로 환경에 대한 인식과 적절한 대책이 부족함에 따라 시화호는 물론, 주변의 하천까지 수많은 오염물질로 병들고 점차 생명력을 잃어가는 처지가 되었다.

## 시화호에 나타난 오염 현상

**염분 변화** • 방조제 건설 전, 시화호가 있던 바다는 비가 많은 시기에는 염분이 10~20psu로 낮았지만 그 외의 시기에는 약 31psu로 서해의 일반적인 해양 환경과 비슷하였다. 시화방조제가 만들어진 초기에는 배수갑문을 통해 바깥의 바닷물과 교환을 한 까닭에 시화호 밑바닥 가까이에 있는 물의 염분은 크게 낮아지지 않았다. 하지만 1995년 농업에 필요한 물을 확보하기 위해 담수화를 본격적으로 진행하면서 염분이 빠르게 감소하였으며, 1996

년 2월에는 시화호 저층수의 염분이 평균 5psu 안팎까지 내려갔다.

시화호로 들어오는 오염물질을 줄이고 담수화를 계속 하더라도 농업용수 기준에 적합한 수질을 확보하기가 어려울 수 있겠다는 우려가 현실로 다가왔다. 결국은 농업용수 확보라는 목표를 버리고, 오염된 시화호를 살리기 위해 바닷물을 유통하여 수질을 개선하는 데 힘쓰게 되었다. 시화호 물을 부정기적 그리고 상시적으로 배수갑문을 열어 바다로 내보내고, 상대적으로 깨끗한 외해수를 호수로 유입시키자 염분이 다시 증가하였다. 이로써 시화호를 담수화하려는 계획은 잊히기 시작하였다.

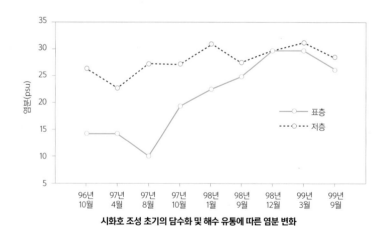

**시화호 조성 초기의 담수화 및 해수 유통에 따른 염분 변화**

**수질 악화**(부영양화, 빈산소 현상) • 시화호 유역의 육지로부터 들어오는 많은 양의 오염물질은 방조제에 갇힌 시화호의 자정 능력으로는 감당하기에 역부족이었다. 시화호에는 예고된 어두운 그림자가 서서히 드리워졌다.

시화호 주변에서 가정하수나 산업폐수, 여기저기 흩어져 있다가 빗물에 씻겨 나온 질소, 인 같은 영양염류가 호수로 들어왔다. 영양염류는 이를 먹이로 삼는 식물플랑크톤을 증가시켰고, 이렇게 늘어난 플랑크톤이 죽은 후 분해되어 무기물질로 변한 다음 다시 물에 영양염류를 공급하는 물질순환이 일어났다. 호수로 오염물질이 계속 들어오고 호수 내부에서 물질순환이 지속되면서 부영양화를 일으키지, 광합성을 하는 1차 생산자인 식물플랑크톤이 급격히 증가하여 녹조나 적조를 발생시키는 악순환이 나타났다.

부영양화가 진행되면 수면과 가까운 물에서는 대기에서 들어오는 산소와 식물플랑크톤이 광합성을 하면서 만들어낸 산소가 녹아 지나치게 양이 많은 상태로 존재하게 된다. 하지만 아래층의 물에서는 죽은 플랑크톤과 다른 여러 가지 유기물을 분해하는 데 산소가 많이 쓰이면서 녹아 있던 용존산소가 부족해진다. 이로 인해 용존산소 농도가 수생생물에 피해를 주는 수준까지 감소하는 빈산소($貧酸素$)[05], 또는 무산소($無酸素$)[06] 환경이 만들어진다. 이와 같은 환경에서는 황화수소[07]나 암모니아질소가 증가하며, 저서동물에 독성물질로 작용하여 악영향을 미치기도 한다.

시화호는 방조제 조성 후 담수화가 진행되면서 표층은 상대적으로 가벼운 물, 저층은 무거운 물이 뚜렷한 층을 이루는 성층현상($成層現象$)[08]이 심해졌다. 성층현상이 발달하면 물이 수직으로 교환되는 것을 억제해 물 그 자체는 물론, 그 안에 포함된 다양한 물질의 이동도 제한된다.

물속에 녹아 있는 산소의 입장에서 보면 풍부한 산소를 가진 표층의 물은 저층으로 이동하지 못하고, 저층에서는 물에 녹아 있던 산소가 유기물 분해로 서서히 고갈된 후 더 이상 새로운 산소가 공급되지 않는 상황이 벌어

...

**05** 일반적으로 해수에서는 용존산소 농도가 3mg/L 이하인 상태
**06** 수중에 용존산소가 전혀 없는 상태
**07** 수소의 황화물. 악취를 가진 무색의 유독한 기체이며, 유기물이 많고 물의 흐름이 거의 없는 저수지, 양어장, 연안 기수지역, 하수구 등에서 발생함
**08** 물의 밀도 차이로 수층이 분리되는 현상. 바다에서는 수온과 염분의 분포가 영향을 미침

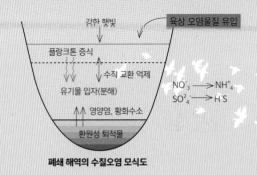

강한 햇빛　육상 오염물질 유입

플랑크톤 증식

수직 교환 억제

유기물 입자(분해)

$NO_3^- \longrightarrow NH_4^+$
$SO_4^{2-} \longrightarrow H_2S$

영양염, 황화수소

환원성 퇴적물

**폐쇄 해역의 수질오염 모식도**

('97.3)배수갑문 시험 방류

('98.3)배수갑문 상시 개방

('01)1단계 시화호 종합관리계획

('07)2단계 시화호 종합관리계획

('11.11)조력발전소 가동

('12)3단계 시화호 종합관리계획

('13)시화호 연안오층 시행

('94.1)방조제 완공

17.4
14.2
10.1
7.9
7.5
5.7
5.2　5.2
4.3　4.5　4.7
4.2
3.7　4.1　4.2
2.6　2.9　3.5　3.0　3.0　3.0
2.5　2.3　2.0　1.8　2.4

1994 1995 1996 1997 1998 1999 2000 2001 2002 2003 2004 2005 2006 2007 2008 2009 2010 2011 2012 2013 2014 2015 2016 2017 2018 2019

**시화호의 수질(COD, mg/L) 변화**

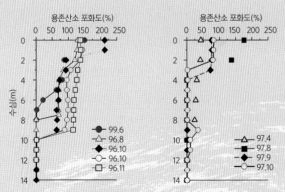

용존산소 포화도(%)

수심(m)

99.6
96.8
96.10
96.10
96.11

용존산소 포화도(%)

97.4
97.8
97.9
97.10

**시화호 조성 초기의 용존산소 포화도 분포**

지는 것이다. 빈산소 현상은 표층에 있는 물의 온도가 높아지고, 비 등으로 담수가 많이 흘러 들어오는 여름에 더욱 심해지는 경향이 있다.

시화호 저층수에 산소가 부족해지면서 이곳에 서식하던 어류와 조개 등의 저서생물이 집단으로 죽어갔다. 이는 자신이 살고 있는 곳의 물에서 산소가 부족한 빈산소 현상이 나타났을 때, 재빠르게 생존이 가능한 곳으로 이동하지 못하는 생물은 산소 부족과 그로 인해 생기는 유해물질 때문에 죽게 된다는 것을 알려준다. 폐쇄된 공간에서 불이 나면 산소가 소모되어 산소가 부족해지고 유해물질이 증가하여, 산소를 필요로 하는 생명체가 질식하거나 독성가스로 위독, 또는 사망하는 사고와 같은 원리이다.

물속에 녹아 있는 산소의 양인 용존산소, 영양염류와 함께 중요한 수질 항목의 하나인 화학적산소요구량(COD)[09]은 방조제로 막히기 전인 1993년 3.2mg/L에서 방조제로 막힌 3년 후에 17.4mg/L로 5배 이상 증가하였다.

. . .

**09** 시료에 포함된 유기물질을 산화제를 사용하여 화학적으로 산화시키는 데 필요한 산소의 양. 유기물 오염지표 중의 하나로, 이때 소비되는 산화제의 양으로부터 산소량을 유추하며 COD의 수치가 높을수록 물의 오염도가 심한 것으로 평가함

시화호가 만들어진 후 짧은 시간 내에 부영양화, 빈산소 수괴(용존산소가 적은 물 덩어리) 발생, 적조, 유기물 오염 등 환경 문제가 심각해지면서 시화호는 사회적으로 큰 파장의 중심에 서게 되었다.

**중금속 오염 •** 우리 주위에서 사라지지 않고 순환하는 중금속은 생물에 농축되어 독성을 일으키는 특정유해물질에 속한다. 시화호 건설 이전에도 이 지역 일부 갯벌과 생물이 중금속에 오염되어 있는 것으로 밝혀졌다. 예전부터 입주해 있던 공장에서 나온 오염물질이 그 원인이었다.

하지만 시화호가 만들어진 뒤에는 중금속 오염의 규모가 이전과는 비교가 되지 않을 정도로 커졌다. 거대해진 공업단지, 처리시설이 갖춰지지 않은 곳에서 흘러나오는 오폐수, 제대로 순환되지 않은 시화호의 물로 계속해서 중금속이 높은 농도로 퇴적물에 쌓였기 때문이다.

**채취한 주상 퇴적물**

시화호에서 주상 퇴적물[10]에 기록된 중금속 오염의 변화는 방조제 건설로 산업단지가 가동된 1980년대 중반부터, 방조제가 만들어지고 해수가 유통되던 초기인 1990년대 후반까지 중금속 농도가 증가한 것으로 나타났다. 특히 중금속이 많이 유입되는 시화호 상류의 산업단지 주변이 높았으며, 중금속 중에서도 구리(Cu), 아연(Zn)의 오염이 심하였다.

## 숨 쉬기 힘든 생활, 악취와 대기오염

도시를 떠나 산속이나 바닷가에 갔을 때 가슴이 뻥 뚫리고 상쾌함이 느껴지는 것을 경험한 적이 있을 것이다. 공기는 물과 함께 지구의 모든 생명체에 꼭 필요한 것이다. 시화호의 수질 문제는 사회적 이슈(issue)로 떠오른 한편, 주변에 사는 사람들에게는 또 다른 고통을 주었다. 시화호 간척사업으로 주거지가 형성되고 인구가 늘면서 악

· · ·

10 표층으로부터 아래로 연속하여 채취한 퇴적물의 수직 시료. 표층이 가장 최근에 퇴적된 것이고 저층으로 갈수록 더 과거에 퇴적된 것으로, 이를 이용하여 과거의 환경과 오염 등에 대한 연구를 함

취와 대기오염이라는 문제가 등장한 것이다.

현재 시화호 주변에는 대규모 국가산업단지가 두 곳 있는데, 시화호가 만들어질 때 이미 반월공단[11]에 많은 업체들이 입주해 있었고 시화공단[12]이 서서히 들어서고 있었다. 이 때문에 산업단지에 근무하는 근로자들이 살 곳을 마련하고 수도권 인구를 분산하기 위해 시화호 근처에 주거지를 만들었고, 여러 형태의 주택이 들어섰다. 일부 주거지는 산업단지와 겨우 200미터의 완충녹지를 사이에 두고 들어서기도 하였다.

시화지구 개발을 위한 환경영향평가에서는 이 정도의 완충녹지대만으로도 오염물질을 줄이고, 주민들의 건강 문제나 생활에 불편이 없을 것으로 예상하였다. 그러나 실제 주거지가 형성되자 악취를 비롯한 대기오염 민원이 끊이지 않았다. 이는 수천 개의 소규모 영세 공장들에 대기오염을 방지할 수 있는 시설이 부족했고, 오염을 단속하거나 지도해야 할 기관의 활동이 충분하지 않은 탓이었다.

악취는 산업의 발전과 더불어 발생된다. 특히 악취를

• • •
11  현재의 반월스마트허브
12  현재의 시화스마트허브

대기오염물질을 배출하는 산업단지 안의 공장　　　　　　악취 단속 차량

제대로 처리하지 못하는 산업시설과 가까운 지역에 사는 주민들은 엄청난 고통에 시달리기도 한다. 과거 자료에 따르면 경기 지역은 경남에 이어 전국에서 두 번째로 악취 민원이 많은 광역자치단체였는데 그 주범은 시화, 반월 공업단지의 공장들이었다. 이와 같은 민원과 대기오염의 심각성에 따라 1997년 7월에 시화지구가 포함된 시흥시, 안산시를 대기환경규제지역[13]으로 지정하였다.

시화 지역에서 1998년 1년간 조사한 결과로 보면 계절

---

13 1995년 12월, 대기환경보전법을 개정하면서 만든 개념으로 공기의 질이 나빠서 환경부가 개선해야 한다고 지정한 지역. 법에서는 "환경기준을 초과하였거나 초과할 우려가 있는 지역으로서 대기질의 개선이 긴급하다고 인정하는 지역은 환경기준을 달성하기 위해 환경부 장관이 지정·고시한 지역"임

적으로는 여름, 시간적으로는 오후 7시부터 밤 12시까지 악취 민원이 가장 많았다. 여름에는 다른 계절과 달리 남남서풍을 타고 공단에서 주거지 쪽으로 악취 물질이 이동하였기 때문이다. 악취를 만드는 물질은 염화수소(HCl), 암모니아(NH₃), 휘발성유기물질, 알데히드류 및 메르캅탄 따위의 황화합물 등으로, 이 지역에서 암모니아, 아세트알데히드가 최소 감지 농도 이상으로 측정되어 다른 물질보다 높았다.

반월공단은 공단 안에 작은 야산들이 흩어져 있어 악취 물질이 멀리까지 이동하지 않아 악취로 인한 민원이 상대적으로 적었다. 하지만 공단 내에서는 악취를 강하게 느꼈을 것으로 추측되었다.

## 생태계 천이와 변화

생태계는 생물적 요소와 비생물적 요소로 구성되어 있고, 생물은 각기 분해자, 생산자, 1차 소비자, 2차 소비자 등의 역할을 하며 하나의 망을 이루는 구조를 이루고 있다. 자연에서 어떤 특정지역의 생물상은 시간에 따라 서서히 다른 생물상으로 변화하는데, 이것을 '생태계 천이'라고 한다. 이러한 천이 과정을 거쳐 최종적으로는 환경과 조화와 균형을 이루어 안정된 생물상을 장기간 유지하는 상태인 극상(Climax)의 단계에 도달한다. 간척과 같이 새롭게 펼쳐지는 환경에서는 초기에 천이나 변화가 빠르게 일어나지만, 극상에 도달하는 데는 많은 시간이 걸린다.

## 육상 생태계 천이

육상식물 • 1994년 1월, 시화호에 방조제가 만들어지면서 제방 안쪽에 있던 갯벌 생태계의 많은 부분이 육상 생태계로 변하였다. 그 결과, 생태계의 주요 생산자인 식물도 종이나 분포 면적에서 큰 변화가 있었다. 식물상 변화의 주요 원인은 지하수위와 토양이 머금고 있는 염분의 변화이다. 방조제를 만들기 전에는 해안선으로부터 폭 5미터 이내의 비교적 좁은 면적에 칠면초, 갯질경, 갯잔디, 천일사초, 갯개미취 등의 염생식물이 서식하였고, 육지와 바다의 연결 수로에는 갈대도 분포하였다.

방조제 건설 후 대기에 노출되면서 육지로 변한 과거

시화호 간석지에 서식하는
산조풀과 칠면초(앞쪽 붉은색 풀)

시화호 상류의 갈대숲

의 갯벌 지역에서는 시간이 지나면서 서서히 식생의 변화가 나타나기 시작하였다. 초기에는 식생이 제대로 형성되지 않아 전체적으로 식물의 서식 면적은 낮았다. 이러한 조건에서 바람이 불면 건조하고 말라 있던 간석지 토양이 대기를 통해 날아가 주민에게 피해를 주기도 하였다. 자연적인 갯벌이었을 때에는 주기적인 밀물에 의해 바닷물이 밀려 들어와 갯벌이 마르지 않았다. 방조제 건설 후 5~10년이 지나면서 수로에는 갈대 군락, 고도가 조금 높은 곳에는 산조풀이 넓은 면적을 차지하였으며, 염분에 강한 칠면초와 갯질경도 비교적 넓게 분포하였다.

염분의 변화와 지하수위의 변화에 따라 식물군락의 이동이 관찰되었다. 방조제 건설 후 10~15년 사이에는 산조풀이 사라지면서 중성식물[14]인 띠가 그 자리를 메우고 분포 면적이 점점 증가하였다. 시화호 형성으로 드러난 땅에는 토종 식물 외에 비짜루국화, 개망초, 붉은서나물, 망초, 서양민들레, 달맞이꽃, 다닥냉이, 까마중 등의 많은 외래종이 자리를 잡기도 하였다.

**육상동물 •** 시화호 주변은 갯벌, 염습지, 논과 밭, 구릉과 산림 등이 연결되는 생태축을 이루고 있다. 시화호의 건설로 갯벌 면적은 축소되었지만, 다양한 서식 환경을 가지고 있어 야생동물의 서식지로 이용되어왔다.

조류의 경우 괭이갈매기, 박새류 등의 텃새가 연중 서식하고 있으며, 여름에는 백로류, 제비 같은 여름철새가 도래한다. 봄과 가을에는 호주, 뉴질랜드와 시베리아 부근으로 이동하는 도요물떼새가 수 주간 머물기도 한다. 시화호를 비롯한 서해안 곳곳은 장거리 이동을 하는 철새들에게는 사막의 오아시스처럼 생명 유지와 체내의 에너지 축적에 있어 매우 중요한 중간 기착지이다.

. . .

**14** 일조시간의 길이에 관계없이 꽃눈을 만들어 열매를 맺는 식물. 민들레, 옥수수, 오이, 토마토, 해바라기 등이 있음

2003～2008년 시화호 주변의 조류와 포유류에 대한 조사에서 총 114종 8만 5605개체의 조류, 총 13종의 포유류가 관찰되었다. 조류는 흰죽지, 괭이갈매기, 청둥오리, 흰뺨검둥오리, 물닭 등이 연중 가장 많은 개체수로 우점(優占)하고 있었다. 특히 저어새, 노랑부리저어새, 흑두루미 등 총 19종의 법정보호종도 확인되었는데, 저어새는 6년 동안 최대 총 180개체로 가장 많이 관찰되었다.

포유류는 고라니, 너구리, 족제비, 멧돼지, 멧밭쥐 등 총 13종이 확인되었다. 고라니, 너구리, 등줄쥐는 배설물 등의 흔적이나 포획 빈도가 높아서 우점종[15]으로 존재하는 것으로 추정되었다. 또한 법정보호종인 삵과 수달의 서식 흔적이 확인되었다. 우리나라와 중국 일부 지역에 서식하는 고라니는 우제목[16]으로 최근 들어 우리나라에서 가장 개체밀도가 높은 종에 속한다. 현재 서식밀도가 높아지면서 농작물에 피해를 끼쳐 유해조수로 지정되었으며, 자동차 따위에 치여 죽는 로드킬(road kill) 사고로 희생되는 수도 증가하고 있다.

• • •

15 특정 군집에서 다른 종들보다 더 많은 비율을 차지하고 있는 종
16 돼지, 염소, 소와 같이 짝수의 발굽을 가진 포유동물

청둥오리

왜가리

노랑부리저어새

저어새

뿔논병아리

큰고니와 청둥오리 무리

고라니

살쾡이                    수달

## 해양 생태계 변화

**부유 생태계 •** 시화방조제 건설 전인 1993년에 비해 방조제 건설 후인 1997년에는 식물플랑크톤의 현존량이 약 2000배 증가하였다. 이런 현상은 해양 수질과 밀접하게 관련되어 있으며, 부영양화, 적조현상과도 연결 고리가 있다. 예전에 경기만에 나타나는 식물플랑크톤은 규조류가 우점하였으나, 방조제를 만들고 2년이 지난 뒤에는 담수에 서식하는 종과 폐쇄성 내만(內灣)에 주로 서식하는 와편모조류[17]나 미소형 편모조류에 속하는 적조생물이 지속적으로 우점하였다.

동물플랑크톤의 경우, 방조제를 만든 후 2년까지는 강어귀의 기수(汽水)에 서식하는 요각류에 속하는 종(*Sinocalanus tenellus*)이 전체 동물플랑크톤의 99.8퍼센트를 차지하기도 하였다. 이와 같이 시화호에 기수성 동물플랑크톤이 출현한 이유는 시화호의 담수화가 진행되면서 염분이 낮아져

...

**17** 단세포생물로 몸의 앞쪽으로 나 있는 종편모와 몸 허리 부위 홈에 레이스 모양으로 감겨 있는 횡편모를 이용하여 몸을 회전하며 운동하는 편모 생물. 수상 생물에 유독한 물질을 생산하는 것으로 알려져 있음

이에 적응한 생물이 등장한 것이다. 하지만 특정한 종이 매우 많이 살면서 우점한 것은 생태학적으로 좋은 징조는 아니며, 생태계 건강성의 악화, 또는 오염의 척도로 평가되기도 한다.

적조 발생으로 시화호 물빛이 갈색을 띠고 있다.

생태계는 많은 종들이 함께 어우러져 살아가는 세계, 곧 종다양성이 높을 때 건강하고 오래도록

대량으로 생겨난 파래 띠

지속될 수 있다. 다행히도 시화호 외해에는 야광충, 따개비 유생, 해양성 요각류 등 다양한 종들이 나타나서 시화호에 비해 상대적으로 건강하였다.

저서 생태계 • 시화방조제 건설과 담수화 과정에서 나타난 수질 그리고 퇴적물 환경 악화는 저서생물에게는 엄청난 시련과 재앙이었다. 시화호가 만들어지기 전, 이곳

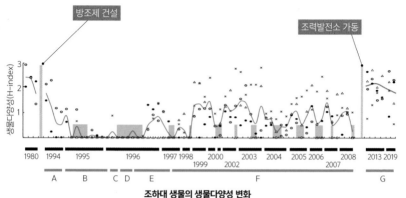

**조하대 생물의 생물다양성 변화**

A: 수시 개방      E: 간헐적 개방
B: 폐쇄      F: 조석 주기에 맞춘 개방과 폐쇄
C: 일시적 개방      G: 조력발전소 가동 후
D: 재폐쇄      — 평균

의 바다 밑 퇴적물에는 평균적으로 0.3제곱미터의 면적에 40여 종의 저서생물이 살았다. 방조제 공사 이전 우리나라 서해안 기수 지역에서 흔히 볼 수 있는 버들갯지렁이류, 종밋, 광염백금갯지렁이가 우점하였다.

방조제를 만든 후에는 대형 저서동물[18] 수의 급격한 감소가 나타났으며, 담수화가 시작되면서 저서동물은 매우 제한적으로 출현하였다. 빈산소층이 나타난 시기에는 살

•••
**18** 1mm 또는 0.5mm의 체에 걸리는 저서동물. 고둥류, 조개류, 갯지렁이류, 갑각류 등이 이에 속함

아 있는 생물이 사라지고 없는 무생물대가 만들어졌다. 방조제 공사 직후에는 쇄방사늑조개류, 광염백금갯지렁이가 우점하였지만, 담수화가 진행되고 오염물질이 유입되면서 육질꼬리옆새우류의 일종인 *Sinocorophium sinensis*, 얼굴갯지렁이류에 속하는 *Polydora cornuta*와 *Pseudopolydora kempi* 등이 전체 군집 개체수의 대부분을 차지하였다. *Polydora cornuta*는 퇴적물의 유기물과 황 함량이 높은 곳에서 출현하는 오염 지표종으로 알려져 있다.

오염된 물의 방류와 외해수의 유입은, 제한적이긴 하지만 수질과 퇴적물 환경의 개선과 함께 생물들의 출현에도 주기적인 변화를 가져왔다. 곧 배수갑문으로 해수 유통을 지속하여 저서동물의 출현이 크게 증가하는 시기도 있으나, 여름에 빈산소 수괴가 나타나면 저서동물이 감소하거나 사라지고 빈산소 수괴가 사라지면 생물이 돌아오는 계절적 변동이 있었다. 이러한 변동은 시화호조력발전소의 건설로 해수 유통량이 기존에 비해 대폭 증가할 때까지 상당 기간 동안 반복적으로 일어났다.

## 채석장·토취장 개발의 희생양

다른 토목 공사와 달리 간척은 바다나 호수를 메꾸는 작업으로서 막대한 양의 매립재, 바위, 사석[19]이 필요하다. 매립재로는 흙이나 준설토[20], 바다 모래, 산업 부산물 등을 사용하는데 방조제를 쌓을 때에는 엄청 크고 무거운 바위 그리고 작은 돌들이 필요하며, 이것들을 어디에서 가져올 것인가 하는 문제는 간척사업에 들어가는 시간과 예산, 시민들의 민원 문제 등을 가장 중요하게 생각하여 결정한다.

시화지구 개발사업도 방조제를 쌓고 간석지를 용도에 맞게 매립하기 위해 엄청난 양의 매립재, 바위, 사석들이 필요하였고, 입지를 고려하여 시화호에서 가까운 형도, 대부도의 황금석산 등을 채석장과 토취장으로 지정하였다. 시화호 안에 있는 형도는 돌산으로 이루어져 있어 예전부터 농사에는 적합하지 않았고, 주민들 대부분이 어업에 종사하였다. 하지만 간척사업에 따른 이주, 어장 폐쇄로 생업

...

**19** 앞면이 판판한 바위를 이용하여 석축을 쌓을 때 안정성을 유지하고자 바위 사이에 끼우는 작은 돌
**20** 하천, 호수, 바다의 바닥에서 파낸 모래나 흙

토취장 개발로 흉물스럽게 변한 형도

을 지속하기 어렵게 되자 마을은 쇠퇴의 길로 접어들었다. 현재 형도는 토취장 개발로 섬의 중앙에 해당하는 산 정상부터 양쪽으로 움푹 파여 흉물스럽게 남아 있다.

주거지역인 송산그린시티 개발사업이 본격화하면서 5710만 세제곱미터의 흙을 마련하는 일이 큰 숙제가 되었다. 흙을 채취하는 토취 대상 예정지로 3개소(3.05km²)를 지정하자, 일방적으로 생활 터전을 강제수용 당한 주민들의 반발이 컸다. 토취장을 개발하는 수자원공사와 피해 주민 간의 갈등은 주민, 시민 단체, 전문가 등이 참여하는 전담 조직을 구성해서 해결하기로 합의하였다. 3개월간 열 번의 회의 끝에 화성시 일대 두 곳에서 2596만 세제곱미터의 흙을 채취하되, 부족한 양은 외부에서 공급 받기로 하였다.

## 3부

# 오염 문제
# 해결을 위한 요구

## 뜨거운 감자, 시화호

시화호는 가지 말아야 할 길, 아니 가지 않았어도 될 고난의 길이었다고 일컬어지기도 한다. 시화호의 탄생으로 표출된 다양한 사회적 갈등과 환경 문제는 우리 사회의 각종 문제점을 드러냈고, 그동안의 생각을 바꾸는 반성의 계기가 되었다. 특히 경제성장을 최우선으로 생각하며 개발 정책을 수립하고 이를 시행한 정부와 관계 기관은 책임을 면할 수 없었다.

사실 시화지구 개발사업을 계획할 때부터 전문가뿐 아니라 일반인들까지도 시화호가 농업에 필요한 물을 만들어줄 수 있을까 의문을 가졌다. 시화호 주변만 둘러보아도 수많은 공장, 주거지, 농경지와 소규모 축산시설 등에서 나

**폐사한 물고기 수거 작업**

오는 오염물질이 많았고, 이 오염물질을 시화호로 이동시킬 하천의 크기나 수질 상태도 좋지 않았던 것이다.

그럼에도 불구하고 사업을 시행하는 산업기지개발공사(현 한국수자원공사)가 유역의 오염물질을 저감하는 방안을 수립하고, 환경영향평가 승인을 받는 것으로 개발사업을 본격적으로 시작하였다. 하지만 시화방조제가 완성될 때까지 사업 시행 기관과 정부는 오염물질을 줄이는 숙제를 제대로 풀지 못했다. 시화호가 완공된 뒤에 벼락치기로라도 오염 문제를 해결했다면 그나마 다행이었겠지만, 오염물질을 줄이는 일은 그리 쉬운 게 아니었다. 결국 시화호는 죽어가기 시작했고, 조성된 지 3년 만에 "죽음의 호수"라는 불명예를 짊어졌다.

## 희망의 불씨

7년에 가까운 공사로 1994년 1월 탄생한 시화호는 건설 전부터 우려의 목소리가 있었다. 건설 후에는 오염이 빠르게 진행되면서 주민, 지역사회, 환경 및 시민 단체 등의 비정부기구(Non-Governmental Organization, NGO), 언론과 전문가들이 대책을 마련하라는 외침을 봇물처럼 터뜨렸다. 결국 정부, 지방자치단체, 관계 기관이 시화호의 환경 문제를 해결하기 위해 움직이기 시작했지만, 곪아 터진 문제를 한순간에 해결할 수는 없었다. 그렇지만 이러한 호소가 있었기에 시화호를 살릴 수 있는 길을 열었다는 것은 중요한 의미를 가진다.

시화호 사태는 환경에 대한 전 국민의 인식을 바꾸는 중요한 계기가 되었고, 정부의 개발 정책에 경종을 울리는 큰 시발점이 되었다. 어쨌든 당시 상황에서 시화호를 살리기 위해 무엇보다 시급한 일은 환경개선에 효과적인 사업들을 되도록 빨리 추진하는 것이었다. 그렇다면 환경에 대한 호소는 어떻게 시작되었으며, 시화호를 살리기 위해 어떤 일부터 시작하였던 것일까?

## 지역 주민의 대응

시화호의 노출된 간석지와 수질 문제는 지역 주민에게

있어 반드시 해결해야 하는 절실한 과제였다. 지역 주민들이 가장 먼저 호소한 문제는 1995년 4월, 방조제 공사 후 드러난 갯벌이 마르면서 남긴 소금기와 건조된 퇴적물이 바람에 날려 포도 농사에 피해를 본다는 것이었다.

1996년 5월 22일에 화성군의 포도 농가들로 이루어진 포도 작목반이 대통령과 정부에 시화호의 소금기로 인해 포도 농사를 망쳤다고 진정하고, 언론보도도 요청하였다. 간석지에서 날아온 소금기와 퇴적물이, 포도나무에서 새순이 돋는 봄부터 꽃 피고 열매가 영글어 수확할 때까지 계속 영향을 미친다고 주장하며 보상을 요구하였다.

그런가 하면 수질 문제의 발단은 1996년 6월 20일에 시화호 수질개선대책을 수립하는 과정에서 시화호 저수 용량(3억 3200만 톤) 중 8000만 톤을 시화방조제 남쪽 끝(대부도 북단)의 배수갑문을 통해 외해로 방류하기로 결정한 데 있다. 이러한 결정에는 하절기에 홍수가 발생했을 때, 시화호 유역에서 일어날지도 모를 수해를 막기 위한 측면도 있었다. 하지만 어민들은 오염된 시화호 물을 시화호 바깥의 바다로 내보낼 경우, 물고기가 사는 어장에 피해가 있을 것을 우려하였다. 이에 시화방조제 외해에서 조업하던 대부도와 오이도 등의 어민들과, 근본적인 수질오염 문제 해결을 촉구하던 일부 시민 단체가 강하게 반대 의사를 표출하는 시위를 하였다. 이 때문에 방류 계획이 무산되는 상황이 여러 차례 있었다.

## 시민사회의 대응

지역사회에서도 시화호를 살리기 위한 생각을 모으기 시작하였다. 1995년 4월 27일 안산 YMCA가 개최한 '시화담수호 과연 살릴 수 있는가?'라는 토론회를 시작으로 1996년 5월 31일 환경운동연합 등이 주최한 '시화호 오염, 해결 방안이 무엇인가?'라는 토론회, 1996년 6월 4일 안산YMCA 등이 지역에서 개최한 '시화지구 환경보전대책 심포지엄' 등에서 중요한 몇 가지 주장이 있었다. 그것은 ①시화지구 개발사업 정책의 실패 인정, ②개발사업에 대한 책임 규명, ③민관공동대책위원회의 구성, ④공동조사를 통해 담수호 계획을 포기하는 것 등이었다.

이후에도 지역 시민 단체들이 연대하여 구성된 시화호 연대회의, 또는 개별 시민 단체들이 주도하는 워크숍과

회의가 지속적으로 개최되었으며, 시화호 문제에 대한 해법 찾기에 노력하였다. 1996년 6월에 환경단체는 시화호 수질오염과 관련하여 환경부, 농업진흥공사(현 한국농어촌공사), 한국수자원공사에 대하여 법적 책임을 묻고자 고발하고, 시화호 무단방류중지 가처분신청을 하는 등 여러 건의 법적 공방이 있었다.

토론회와 심포지엄이 주장하는 것은 시화지구 개발사업이라는 돌이킬 수 없는 환경 재앙을 일으킨 근본 원인을 파악하고 이에 대한 책임과 사과, 환경오염 문제 해결을 위해 대책을 수립할 기구를 구성하는 것이었다. 그리고 시화호 사태를 교훈 삼아 다시는 이러한 일이 발생하지 않도록 정책이 신중하게 수립·추진되도록 변화의 길로 유도하는 데 있었다.

## 언론보도

방조제 공사가 끝나고 시화호 내의 간석지가 장기간 노출되면서, 갯벌 퇴적물인 흙먼지가 바람에 날려 농사에 피해를 주고 주민 생활에 불편이 잇따르자 불만이 높아지

시화호 배수갑문의 시화호 물 방류　　　시화호 물 방류에 대한 항의 시위

기 시작하였다. 시화호를 관리하는 한국수자원공사는 이에 대한 임시 대책으로 시화호의 관리 수위를 EL -1.0미터에서 EL +0.50미터로 올려 흙먼지 발생을 줄였으나, 관리 수위를 원래대로 내려 운영하기 위해 시화호 물을 외해로 방류하는 방법을 택하였다.

시화호의 오염된 물을 외해로 방류하는 장면이 1996년 4월 25일 SBS 방송을 통해 보도되고, 이후 연속해서 뉴스와 매스컴에서 다뤄지면서 주요 이슈로 떠올랐다. 이후에도 중앙 일간지와 방송에서 끊임없이 시화호의 오염된 모습을 보여주자, 시화호 문제는 전 국민적인 관심사로 커지게 되었다.

보도의 주요 내용은 시화호의 수질과 생태계 악화, 농경지와 공장 등에서 발생하는 오염물질 관리 부실, 하수처리장 처리수의 시화호 방류, 시화호에 고인 물을 바깥 바다로 방류하는 것에 따른 피해, 개발 정책과 제도의 실패 등 부정적, 또는 고발 성격의 기사들이었다. 하지만 담수호를 유지해야 하는지, 포기해야 하는지와 같은 개발 정책의 근본적인 문제에 대한 논의 등 개발 방향의 수정이나 환경개선을 위한 심도 있는 기사들도 있었다.

## 전문가의 예견과 역할

학자, 연구원 등 환경 관련 전문가들은 시화호를 담수호로 개발하는 계획 그리고 실행 과정에 있어 심각한 환경오염 문제가 나타날 것임을 예견하고 우려를 표시하였다. 불행하게도 예견은 현실로 전개되었다. 이런 상황에서 시화호 오염 원인을 파악하고 다양한 오염 과정과 현상 규명, 오염 개선을 위한 방안 제시, 개발 정책의 방향 전환 등에 있어 다양한 분야의 전문가들이 오염 현장을 확인하며 조사와 연구, 토론과 자문에 참여하였다.

시화호 주변 유역은 시화방조제가 완공되기 전에도 도시지역과 공업단지, 농경지 등으로 구성되어 있었고, 개발이 급속히 진행되어 인구 증가율이 높은 지역이었다. 그리고 갯벌은 조석의 차이가 큰 조간대에 속했다. 그런데 이 같은 지역사회의 환경 여건이 자연에 어떤 변화를 미치는지 연구한 결과, 조간대와 바다에 떠다니는 부유물질에서 코발트, 조간대에 쌓인 퇴적물에서 구리, 납, 카드뮴 등이 발견되어 중금속에 오염되었을 가능성이 제기되었다.

시화호는 간척지에 만들어진 인공 담수호 오염 가운데 최악의 사례로 물리, 생물, 화학, 지질 등의 다양한 분야에서 조사 · 연구 대상이었다. 1996년 7월 19일에는 학술 단체(물학술단체연합회)와 시민 단체가 공동으로 '시화호 수질대책 토론회'를 개최하여 시화호를 환경재앙지역으로 선포할 것을 주장하였다.

시화방조제 완공 후 호수 내의 평균 유속이 수 cm/s 정도로 느리고, 높은 오염물질 부하(負荷), 담수 유입량의 절대부족, 긴 체류 시간으로 부영양물질, 중금속, 잔류성 유기오염물질 같은 것들은 호수 바닥에 퇴적될 가능성이 높다고 하였다. 이외에도 퇴적 환경이 악화하면 물질순환 과정을 거쳐 수질에도 영향을 미칠 것으로 예측되었다.

여러 가지 논의 과정에서 나온 전문가의 다양한 식견은 정부가 시화호 개발계획을 수정하고 바꿀 수 있도록 유도하였고, 최종적인 성과로 시화호를 민물로 만들어 원래대로 바닷물이 담긴 해수호로 전환하여 관리할 수 있게 하였다.

## 정부의 대책 수립

만약 아주 심각한 병을 앓고 있는 환자라면 작은 동네 병원만으로는 정확한 진단과 치료가 어려울 것이다. 이런 환자는 종합적이고 정밀한 진단이 가능하며, 응급처방과 함께 중장기적으로도 치료가 가능한 대형 병원을 찾아야 할 것이다. 시화호는 환자로 비유하자면 큰 병을 앓고 있는 환자였다.

시화방조제 물막이 공사 후에 주민, 시민사회단체, 전문가의 외침이 언론에 보도되면서 드디어 정부가 전면에 나서게 되었다. 1996년 4월 29일, 시화호에 대해 환경부 주관의 수질개선종합대책을 수립하라는 대통령의 지시가 있었는데, 이는 시화호가 매우 심각한 병을 앓는 환자 수준에 이르렀다는 것을 드디어 정부가 인식했다는 의미였다.

환경오염 사고에 능동적으로 대처하고, 이를 예방하는

정부지원대책 등을 추진하고자 설치한 환경사범대책위원회는 공단 폐수와 생활 오수는 오폐수처리시설로 정화하고, 빗물과 더러운 물을 분리하여 모으는 관로 등을 설치해 2차 처리를 한 후 시화호의 바깥 바다로 직접 방류하기로 하였다. 물론 가까운 지역의 오염원과 하천의 오염은 빠른 시간 안에 해결할 수 없는 문제였다. 그래서 인공습지, 접촉 산화지(자정 능력을 이용해 오염물질을 처리하는 연못) 등을 조성해 호수와 연결된 지천을 통해 흘러 들어오는 물부터 자연적으로 정화한 후 시화호로 유입시키기로 하였다. 그렇게 하면 오염물질을 원천적으로 봉쇄하면서 시화호의 수질을 개선할 수 있기 때문이었다.

하지만 이 대책이 완성될 때까지 오염된 시화호를 그대로 둘 수는 없었으므로 우선 바깥의 바닷물을 끌어들여 시화호의 수질을 개선하기로 하였다. 이를 위해 마련한 여러 가지 사업에는 2001년까지 총 4993억 원의 예산을 투입하기로 하였다. 이러한 예산 규모는 시화방조제 건설 예산인 5280억 원에 버금가는 큰 금액이다. 애초에 환경영향평가를 잘 받아서 시화방조제를 건설했다면 얼마나 많은 돈을 아낄 수 있었을까 하는 생각이 든다.

**인공습지 조성 지역의 항공사진**

그런데 시화호의 오염을 줄이면서도 시화호에 드나드는 바닷물을 걱정하는 어민들을 안심시키려면 전문적인 지식이 필요하였다. 이에 바닷물이 드나드는 문인 배수갑문을 조작하는 것에 대한 관리 규정을 만들었고, 1997년부터는 실질적으로 바닷물이 늘 시화호 안팎으로 드나드는 단계에 접어들었다.

정부는 2000년 12월에 시화호가 해수호로 전환되었다고 공식적으로 발표하였다. 그리고 2001년 8월에 해수호로서 시화호의 해양환경관리를 위해 시화호 특별관리해역 종합관리계획을 수립하였다. 이렇게 시화호가 바닷물이 담긴 호수가 되면서 호수의 물을 더 이상 농업용으로는 사용할 수 없게 되었다. 그러자 이 호수를 어떻게 이용할지에 대한 논의가 필요해졌다. 전문가들은 선박이 드나드는 항만으로 이용하거나, 조력발전소 건설 등 여러 가지 대안을 제시하였다.

**4부**
......

# 시화호 환경개선에
# 나서다

# 특별관리해역
# 지정과 관리

## 시화호 특별관리해역

바다를 더럽히는 오염물질은 대부분 육지에서 온다. 우리가 사용한 물은 그대로, 또는 오염물질을 정화하는 하수처리장을 거쳐 바다로 흘러들고, 길에 버려진 쓰레기들도 빗물에 쓸려 하천으로 들어간 후 대부분 바다로 유입된다. 이외에도 산업체에서 사용하고 버리는 폐수나 자동차에서 새는 기름 등 육지에서 발생하는 수많은 오염물질이 여러 경로를 통해 바다로 들어온다. 곧 바다의 환경오염은 육지에서 비롯된다고 할 수 있다.

따라서 바다의 환경을 개선하기 위해서는 육상을 포함해 연안을 대상으로 환경개선대책을 세우는 것이 바람직하다. 이에 해양수산부는 오염의 정도가 심하거나, 앞으

**시화호·인천연안특별관리해역의 범위와 해양환경 조사 정점**

로 오염될 가능성이 높은 해역과 이어지는 연안 전체를
특별관리해역으로 지정하여 관리하고 있다.

시화호의 환경관리 권한은 2000년에 환경부에서 해양
수산부로 변경되었다. 이때 해양수산부는 시화호와 인천
연안을 하나의 특별관리해역으로 지정하였으며, 해역으
로 연결된 유역 전체를 관리범위[01]로 하고 있다. 해양수산
부에서는 시화호 수질개선을 위한 종합 대책인 「시화호 종
합관리계획」을 수립하여 시행하고, '시화호관리위원회'에
서는 시화호 특별관리해역의 해양환경을 관리하고 있다.

. . .
**01** 전체 1181.88km², 해면부 605.76km², 육지부 576.12km²

## 시화호를 살리기 위한 대책들:
「시화호 종합관리계획」의 세부 사업

배수갑문을 통한 해수 유통

1996년 시화호의 환경오염이 사회 문제가 된 후, 시화호 수질개선대책의 하나로 '해수 유통 확대'가 제시되었다. 시화방조제에 설치된 배수갑문[02]을 개방하여 상대적으로 오염도가 낮은 방조제 바깥의 바닷물을 시화호 안으로 끌어들여 시화호의 오염도를 희석시키고, 다시 방조제 바깥 바다로 내보내는 방법이다. 시화호의 물이 외해의 수질을 악화시킬 것이라는 우려가 제기되어 처음엔 시험 방류를 통해 외해에 미치는 영향을 살피고, 큰 이상이 없을 경우 점차적으로 방류를 확대하는 것으로 대책을 추진하였다.

이에 따라 1997년 3월에 500만 톤의 물을 우선적으로 시험 방류 하였으나, 간헐적인 해수 유통으로는 시화호의

. . .

02 방조제로 바깥쪽의 바닷물과 안쪽의 호수 물이 차단된 지역에서 방조제 안의 물을 외해로 내보내기 위한 목적으로 설치하는 시설물. 배수갑문은 홍수가 발생했을 때 방조제 안의 물을 외해로 배출하는 기능과 외해의 수위가 높아졌을 때 외해의 물이 방조제 안으로 들어오지 못하게 막는 역할을 함

**대부도에 위치한 시화호 배수갑문**

수질을 개선할 수 없었다. 그래서 1997년 12월부터는 하루에 두 번 각각 500만 톤의 물을 유통시켰으며, 해수 유통 확대에 의한 시화호 수질개선 효과와 외해 환경에 대한 위협이 크지 않다는 것을 확인한 1998년 2월 이후에는 750만~1000만 톤으로 유통량을 증가시켰다. 그 다음 달인 3월부터는 배수갑문을 조석 주기에 따라 상시 개방하였다.

시화호의 해수 유통량이 하루 2000만 톤 이상으로 급격히 증가하자 시화호의 수질은 빠르게 개선되었다. 1997년 시화호의 화학적산소요구량 COD는 10.4~30.9mg/L

정도였으나, 2000년에는 3.9~13.8mg/L 수준으로 낮아졌다. 하지만 당시에도 시화·반월 산업단지에 가까운 해역의 COD 농도는 여전히 높은 수준으로 나타나, 시화호의 환경오염이 완전히 해결되지는 못한 상태였다. 결국 시화호의 수질을 개선하기 위한 근본적인 대책은 시화호로 유입되는 오염물질의 양을 줄이는 것이었다.

### 하수처리장 건설과 운영

사람들이 평소에 하는 대부분의 활동에는 물이 필요하다. 아침에 일어나 씻고, 세 끼 식사를 하고, 용변을 보는 등 일상생활을 영위하기 위해 하는 거의 모든 행동은 물이 있어야 가능하다. 우리나라 국민이 가정에서 하루에 사용하는 물의 양은 2014년 기준 1인당 178리터이다. 주변에서 흔히 보는 2리터들이 생수병 89개에 해당하는 양으로, 우리나라의 1인당 물 사용량은 전 세계적으로 최상위에 해당한다. 그런데 우리가 사용하고 버리는 물은 하천이나 바다 환경의 위협요인이 된다. 1996년 발생한 시화호 수질오염의 원인 중 하나로 도심지 인구가 늘면서 오수량이 증가한 점이 꼽힌 것은 당연한 결과였다.

이러한 문제에 대응하고자 환경부와 지방자치단체에서는 하수처리장을 운영하게 되는데, 하수처리의 목적은 하수에 포함된 더러운 물질을 없애 수자원의 오염을 예방하는 것이다. 하수를 처리하는 과정을 보면 가정이나 공장 등에서 발생한 오수나 폐수를 하수관로와 같은 적절한 운송 수단을 이용해 처리시설로 이동시키고, 하수처리시설에서는 다양한 방법으로 물속의 오염물질을 없애 정화된 처리수를 하천이나 바다로 흘려 보낸다.

1994년 방조제 완공 이후 급속도로 진행된 시화호의 수질오염은 이러한 하수처리시설이 제대로 갖춰지지 않은 것도 하나의 원인이었다. 특히 반월국가산업단지에서 발생하는 폐수와 안산 도심의 생활하수를 처리하는 안산하수처리장의 경우, 고도처리[03] 되지 않고 1차 처리만을 거친 하수를 시화호 안으로 흘려 보냄으로써 수질을 악화시키는 데 직접적인 영향을 미친 것으로 나타났다.

이 같은 문제를 해결하기 위해 안산하수처리장과 시화

...

03 하수처리장으로 들어온 하수는 몇 단계의 처리 공정을 거쳐 다시 하천이나 바다로 방류되는데, 마지막 단계에서 '질소'와 '인' 계열의 오염물질을 없애 흘려 보낼 물의 수질을 더욱 개선하는 것

**시흥시맑은물관리센터(하수처리장)** | 산업폐수와 가정하수의 오염물질은
처리 과정을 통해 농도를 낮춘다. 처리한 물은 시화방조제 밖의 바다로 내보낸다.

하수처리장의 처리용량이 확대되었고, 고도처리 설비도
갖추어졌다. 고도처리 된 하수가 시화호의 바깥 바다로
방류되기 시작하면서 생활하수로 인한 오염이 줄기 시작
하였다.

인공습지

시화호 해수면의 면적은 154.2제곱킬로미터, 유역면적
은 328.7제곱킬로미터에 달한다. 방조제로 막힌 호수라고

하지만 실제로 보면 시화호는 광활한 바다처럼 보이고, 접해 있는 유역 또한 굉장히 크다. 시화호 유역에는 공장들이 늘어서 있는 산업단지와 사람들이 주거하는 도심지, 농업과 축산업이 이루어지는 농지 등이 있다. 모두 시화호를 오염시킬 수 있는 다양한 오염원들이다. 인공습지는 이러한 오염원 중 특히 농업지역에서 시화호로 유입되는 오염물질의 양을 줄이기 위한 대책으로 만들어진 것이다.

시화호의 상류 유역엔 농지가 집중되어 있으며, 이 지역을 세 하천(반월천, 동화천, 삼화천)이 굽이쳐 흐른다. 인공습지는 세 개의 하천이 만나 하나의 지류를 이루어 시화호로 흘러드는 지점에 조성되었는데, 지금의 안산갈대습지공원과 화성시의 비봉습지공원이 그것이다.

시화호 주변 하천으로 유입된 물은 시화호로 바로 들어가지 않고 인공습지에서 며칠간 체류한다. 이때 물에 녹아 있던 오염물질이 습지의 바닥으로 가라앉고, 갈대 등의 수생식물이 바닥에 가라앉은 오염물질을 영양분으로 흡수함으로써 시화호로 흘러 들어오는 물의 수질을 개선하는 원리이다.

안산갈대습지공원

인공습지에서 수생식물에 의해
정화된 물이 시화호로 흘러가는 모습

정화 처리를 위한 시화호 상류의 하천수를
인공습지로 보내주는 양수 시설

반월산업단지에는 폐수와 빗물을 분리하여 처리하기 위한 기초 시설이 설치되어 있다. 분리 처리 시스템은, 그 대로 배출되면 환경오염의 우려가 큰 산업폐수를 별도의 경로를 통해 폐수처리장에서 처리하고, 오염의 우려가 없는 빗물은 우수관을 거쳐 하천이나 바다로 흘러들게 하여 환경보존과 비용 절감 효과를 달성할 수 있는 이상적인 방식이다.

하지만 현실은 그렇게 이상적이지만은 않다. 실제 현장에서는 산업폐수를 배출하는 관로가 공사 실수로 우수관에 연결되거나, 우수관이 파손되어 외부의 오염물질이 유입되거나, 또는 아예 처리하지 않은 폐수를 무단으로 하천에 방류하는 경우가 많아 하천이나 바다의 환경을 관리하는 데 어려움이 많다.

이렇게 폐수나 우수의 경로에 문제가 발생할 때 생각할 수 있는 것이 차집수로이다. 차집수로란 하천으로 들어오는 우수관의 우수를 모두 모아 하수처리장으로 보내는 장치로, 반월산업단지와 같이 폐수와 우수를 흘려 보내는 관이 잘못 연결되거나 업체의 무단 방류 등으로 폐

**반월산업단지 우수토구에 설치된 차집 시설 |** 평상시
토구에서 흘러나오는 오염된 물을 모아
하수처리장으로 보내 처리한다.

**시화MTV 개발지역의
반월산업단지 우수토구 연장 공사**

수가 우수관으로 유입되는 곳에서 특히 효과적인 장치라
할 수 있다.

시화호의 경우 환경오염이 정점에 달했던 1997년, 반
월산업단지의 빗물을 시화호로 배출하는 7개의 우수토구
에 차집 시설이 설치되었다. 이 시설에 의해 모아진 물은
안산하수처리장으로 이송되어 몇 단계의 정화 처리를 거
친 후 다른 하수처리수[04]와 마찬가지로 시화호 바깥 바다
로 배출되었다. 이로써 반월산업단지에서 우수관을 타고
시화호로 직접 흘러 들어가던 오폐수가 더 이상 시화호로
들어가지 않게 되었고, 오염물질의 양도 감소하는 효과를
보게 되었다. 그러나 비가 많이 내리면 관로에 많은 양의

• • •
**04** 하수처리장에서 정화 처리를 마친 물

빗물이 흘러들어 차집 시설, 또는 하수처리장의 처리용량
을 넘을 때가 있다. 이럴 때에는 흘러넘치는 물이 시화호
로 유입되어 오염의 원인이 되기도 한다. 반월산업단지의
우수토구에 설치되었던 차집 시설은 현재까지도 운영되
고 있다.

### 조력발전소

시화방조제 남단에 있는 배수갑문으로 시화호의 바닷
물이 항상 드나들게 하고 인공습지를 조성하는 등의 노
력을 기울인 결과, 시화호의 수질은 상당히 개선되었으나
전국의 다른 해역에 비해선 여전히 나쁜 상태였다. 이 때
문에 지역에서는 시화호 해수 유통량을 더욱 확대할 필요
성이 제기되었다. 이미 만들어진 시화방조제를 활용하여
바닷물을 더 많이 드나들게 하고, 동시에 신재생에너지를
생산할 수 있는 조력발전소 건설이 하나의 방안으로 떠올
랐다.

시화호조력발전소는 2004년 12월에 공사를 시작하여
2011년에 준공되었다. 조력발전소란 밀물과 썰물의 힘을
이용하여 전기를 만드는 곳을 말하는데, 시화호조력발전

소는 밀물과 썰물 때 시화호 내해(內海)와 외해(外海) 사이에 발생하는 물 높이 차이를 이용해 전기를 생산한다. 이 과정에서 시화호 외해의 물이 내해로 들어오고, 다시 내해의 물이 외해로 빠져나가면서 오염물질이 회석된다. 조력발전소가 가동되면서 시화호 안팎으로 드나드는 바닷물의 양은 하루에 1억 4700만 세제곱미터에 이르게 되었는데, 이는 시화호 안에 담긴 바닷물 전체 용량의 절반에 이르는 많은 양이다.

시화호조력발전소의 가동으로 안쪽과 바깥쪽의 수위 차가 커지면서 잠겨 있던 갯벌이 드러나기 시작했고, 해수 유통량이 늘어나면서 시화호의 수질도 지속적으로 개

**시화호조력발전소** | 시화방조제 도로 아래에 발전을 위한 수차와 배수갑문이 있다.

**조력발전소의 해수 방류** | 발전 후 시화호의 물을 외해로 내보내고 있다.

선되었다. 조력발전소가 가동되기 직전 COD 4.2mg/L이었던 시화호의 수질은 발전소 가동 6년째인 2017년 COD 1.8mg/L까지 떨어졌으며, 이는 시화호의 생태계 복원이라는 선순환 효과로 이어졌다.

2020년 현재 시화호의 수질은 조금 나빠지는 추세에 있는데, 그 원인은 여러 가지로 추정된다. 시화호 주변 지역을 개발함에 따라 오염물질도 증가하고 유입 경로가 불확실한 오염물질이 흘러들었을 가능성이 있으며, 시화호 안에 축적된 오염물질이 재순환했을 가능성도 있다. 이는 바닷물 순환에 의존한 수질개선 효과는 한계가 있는 것으로 볼 수도 있으나, 여전히 조력발전소는 시화호의 환경 개선과 그 보존에 중요한 역할을 담당하고 있다.

시민참여

환경 문제에 가장 큰 피해를 입는 것은 바로 그 주변 시민들이다. 그래서 그들의 움직임 덕분에 환경 문제가 해결되는 경우가 많다. 시화호도 마찬가지이다. 시화방조제 완공 이후 시화호의 환경이 급격히 악화하자 지역의 시민사회가 가장 빠르게 대응하였다.

시화호에 버려진 낚시용 납추 수거

수거한 쓰레기는 쓰레기 분류 목록에
하나씩 빠짐없이 기록한다.

수거한 쓰레기의 무게를 재고 있다.

시화호의 오염된 물이 외해로 방류되는 장면이 언론을 통해 보도된 직후인 1996년 5월, 지역 시민사회에서는 시화호 환경개선을 위한 내용을 정부에 요구하였다. 이러한 시민사회의 노력은 실제 정책에도 일부 반영되어 2000년 시화호 담수화 계획이 철회되었으며, 시화호 수질을 개선하기 위한 대책 수립 과정에서 지역의 시민사회와 전문가들이 참여하게 되었다. 지금도 「시화호 종합관리계획」은 시화호관리위원회의 심의를 거쳐 수립되는데, 이 역시 '민관 공동'의 성격을 띠고 있다고 할 수 있다.

시민참여는 계획을 수립하는 단계에 그치지 않고 실행하는 단계에서도 이루어진다. 구체적으로는 유역 주민들에 대한 환경교육과 환경 체험, 유역의 생태계 현황 파악을 위한 생태계 모니터링, 산업단지에 입주한 업체들의 오염 행위 감시, 유역 내 오염원 조사 등 다양한 영역에서 시민사회의 활동이 이루어지고 있다.

## 5부

# 변신하는 시화호,
# 돌아온 생명

시화호의 수질은 시화호로 들어오는 오염물질을 줄이고 조석 주기에 따라 배수갑문을 조작하여 바닷물의 유통량을 늘리면서 점차 개선되었고, 생태계 복원의 효과도 조금씩 나타나기 시작하였다. 시화호 오염 문제 해결에 대한 실질적인 전환점은 시화호의 수질개선과 생태계 복원이라는 기본 목적 외에도 신재생에너지 생산이라는 새로운 효과를 얻게 된 것이었다. 이러한 일거양득의 효과는 시화호조력발전소를 건설하고 가동하면서 거둘 수 있었다.

시화호조력발전소를 가동하자 배수갑문에만 의존하여 바닷물을 드나들게 할 때와는 다르게 시화호 수면의 높이에 큰 변화가 생겼다. 이로써 시화호 건설 이전처럼 자연 상태의 갯벌은 아니지만, 시화호 건설로 사라진 갯벌의 일부가 드러났다. 이는 갯벌 생태계의 변화로 이어졌는데 배수갑문을 통한 해수 유통 그리고 조력발전소의 가동 이후 시화호의 수질과 갯벌, 생태계는 어떻게 달라졌는지 살펴보자.

## 시화호의 수질은 얼마나 개선되었을까?

1997년부터 시화호의 물과 바깥의 바닷물을 서로 교환하면서 시화호 수질에 변화가 시작되었다. 시화호 수질을 조사하고 연구한 결과에 따르면, 상대적으로 수질이 나쁜 시화호 물의 방류량과 수질이 양호한 바닷물 유입량에 따라 수질이 크게 영향을 받았다. 하지만 방조제 남쪽 끝에 있는 배수갑문의 입지적 조건과 배수갑문 자체가 가진 바닷물 유통량의 한계 등으로 시화호 전체의 수질을 개선하는 데에는 어려움이 있었다.

이후에 시화호조력발전소를 가동하면서 바닷물 유통량이 증가하자 수질개선을 알아볼 수 있는 주요한 인자인 염분과 용존산소, 유기물 지표인 화학적산소요구량 그리고 영양염류 등이 개선되었다. 그렇다면 구체적으로 어떤 변화가 있었을까?

## 염분

염분의 변화는 시화호의 수질뿐 아니라 다양한 생물로 구성되어 있는 생태계에도 영향을 미치는 중요한 요인 중 하나이다. 배수갑문으로 해수가 유통되면서 가장 큰 변화를 불러온 것은 바로 염분이었다. 상대적으로 염분이 낮은 시화호 물이 방조제 바깥 바다로 나가고, 염분이 높은 바닷물이 시화호 안으로 들어오면서 시화호 안 해수의 염분이 서서히 증가하였다. 시화호조력발전소의 가동으로 바닷물의 유통량은 더욱 증가하였고, 이로 인해 조력발전소와 가까운 시화호 물의 염분은 바깥 바닷물과 비슷한 약 30psu까지 증가하였다.

시화호 바닷물 중에서도 호수 바닥 가까이에 있는 저층수의 염분 농도가 수표면 가까이에 있는 표층수보다 약간 높은데, 그 차이가 커지는 계절에는 상대적으로 가벼운 물이 위에 있고 무거운 물이 아래에 있게 되는 성층현상이 심해진다. 그러면 바닷물의 수직적인 교환을 억제해 물의 순환이 제한되면서 바닥 가까이에 있는 물의 수질도 영향을 받게 된다.

**시화호 수질 자동측정소** | 시화호의 수질(수온, 염분, 용존산소, 화학적산소요구량, 영양염류 등)을 연속해서 측정하고 있다. 해양환경관리를 위한 수질 자료를 지속적으로 얻을 수 있다.

시화호는 아직도 시화호 유역에서 들어오는 담수의 영향을 많이 받기 때문에 외해수의 영향이 약한 시화호의 상류 지역으로 갈수록 염분 농도가 낮아진다. 장마철이나 태풍으로 집중호우가 내릴 때에는 시화호 유역으로부터 들어오는 담수량이 증가하여 시화호의 넓은 지역에서 염분 농도가 낮게 나타나기도 한다.

## 용존산소

산소는 육지뿐 아니라 바다의 생물에게도 중요한 생존 조건이어서, 바다에 녹아 있는 용존산소의 양이 바다 생태계의 건강함을 재는 척도가 된다. 시화호는 방조제 건설 후 과다하게 공급된 영양염 탓에 식물플랑크톤이 비정상적으로 크게 번식하였다. 이 때문에 시화호 내의 용존산소는 표층에서는 과포화 상태인 반면, 그보다 깊은 저층의 넓은 지역에서는 산소가 부족한 빈산소, 또는 산소가 아예 없는 무산소 환경이 나타났다.

시화호 수질 관리를 위해 방조제 바깥의 바닷물을 끌어들이기 시작한 직후에는 용존산소의 농도가 큰 차이가 없었다. 용존산소 포화도 100퍼센트를 가장 적절한 용존산소량이라고 할 때, 여름철 표층에서는 호수의 상류 지역에서 중앙 지역까지 150퍼센트를 넘는 곳이 많았지만 저층에서는 대부분 20퍼센트(약 4mg/L) 이하였고, 일부 지역은 10퍼센트(약 2mg/L) 이하로 저서생물의 생명을 위협하는 상태였다.

이와 같이 시화호의 용존산소 포화도가 정상적인 환경

에 이르지 못한 이유는 시화호 주변과 시화호 자체에서 발생하는 오염물질을 제대로 관리하지 못했기 때문이다. 시화호 수질개선을 위해 끌어들인 바닷물의 양도 충분하지 않았다.

용존산소 문제는 바닷물의 유통량을 대폭 늘려서 시화호 수질을 개선하고, 신재생에너지를 얻을 수 있는 시화호조력발전소가 가동되면서 크게 개선되었다. 시화호 조력발전소의 시험 가동을 시작한 2011년에는 산소 소모와 공급의 불균형으로 여름에 저층수의 용존산소가 낮아지는 경향을 보이기도 했으나, 예전과 다르게 저층수에서 용존산소 농도와 용존산소 포화도의 급격한 감소는 나타나지 않았다.

조력발전소가 본격적으로 가동된 2012년부터는 수년간 여름에도 저층수의 용존산소 포화도가 80퍼센트 정도를 보이는 등 확연히 개선된 것을 알 수 있었다. 이후에도 계절적인 변동은 있었지만 다행히 조력발전소 가동 전과 같이 저층의 물에서 빈산소 현상은 발생하지 않았다. 이는 조력발전소의 가동으로 시화호로 들어오는 바닷물의 양이 크게 증가하였다는 직접적인 영향과, 바닷물이 흘러

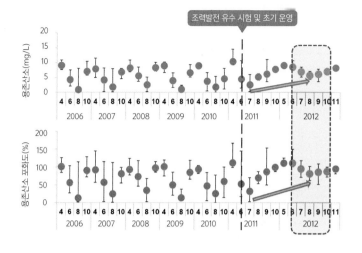

**시화호 저층수의 용존산소 변화** | 조력발전소 건설 후 해수 유통량이 증가하면서
과거 여름에 나타나던 빈산소 현상이 사라졌다.

들어옴으로써 유속이 빨라지고 호수의 얕은 곳과 깊은 곳
의 물이 섞이는 등 표층수와 저층수 간의 순환이 나아졌
기 때문이다.

하지만 2019년에는 7월과 8월에 일부 지역의 저층에
서 50퍼센트 정도의 용존산소 포화도를 나타내어 환경이
악화되고 있으며, 이로 인해 용존산소에 영향을 미치고
있다는 것을 짐작할 수 있다. 오염물질의 환경관리에 더
욱 신경을 써야 할 것이다.

## COD(화학적산소요구량)

유기물 오염의 주요 항목이자 지표로 사용되는 COD 라는 수질 항목은 시화방조제 건설, 해수 유통 그리고 조력발전소 가동에 따라 과연 어떤 변화가 있었을까?

환경관리 측면에서는 다양한 상황을 고려해서 정해진 수질 항목에 따라 목표 수질에 도달하도록 해야 한다. COD는 바다에서 유기물 오염을 관리하는 해양 정책에 이용되며, 중요한 수질 항목이다. 앞에서 살펴본 염분과 용존산소의 변화로 COD의 변화를 가늠할 수 있다.

시화호에서 COD의 연평균 농도 변화를 보면, 시화호가 만들어진 1994년에 5.7mg/L에서 급격히 증가하여 1997년에는 가장 악화된 17.4mg/L에 이르렀다. 시화호는 수질개선을 목적으로 1997년 3월에 시험 방류를 시작했는데, 당시에는 방류량이 적고 제한적인 데다 방조제 바깥의 바닷물이 너무 적게 흘러 들어왔다. 이 정도로는 이미 육상에서 유입되어 축적된 유기물과 호수 안에서 식물 플랑크톤이 생산해내고 있는 많은 양의 유기물로 악화한 수질을 개선할 수 없었다.

시화호가 바닷물이 담긴 해수호로 전환된 2000년대의 COD를 보면, 2000년대 중반 7.5mg/L까지 일시적으로 증가한 적도 있으나 조력발전소 가동 후에는 3mg/L 이하의 농도를 보였다. 이렇

**시화호에 대량으로 번식했던
파래의 사멸 후 모습**

게 COD가 개선되었지만, 이는 2단계 시화호 종합관리계획의 목표인 COD 2mg/L 이하(과거 해역수질기준 II등급)에는 이르지 못한다. 그 이유는 무엇일까?

시화호의 COD에 영향을 미치는 요인은 육지에서 들어온 오염물질만이 아니다. 1996년과 1997년의 경우를 보면 시화호 물의 COD 농도 가운데 약 50퍼센트는 물에 떠다니는 입자인 부유물질이 영향을 미쳤다고 한다. 그리고 부유물질의 대부분은 식물플랑크톤이 차지하였다. 이는 육지에서 들어온 유기물과 별개로 부영양화한 시화호에서 대량 번식한 식물플랑크톤이 COD에 크게 영향을 주고 있다는 뜻이다. 따라서 COD를 낮추기 위해서는 육상에서 들어오는 오염물질을 줄이는 것도 중요하지만, 시

화호 자체에서 생산되는 오염물질의 발생을 억제하는 일
도 필요하다.

## 시화호 갯벌의 변화

1994년, 시화방조제의 물막이 공사가 완공됨으로써 방
조제 안쪽의 호수와 바깥의 바다로 단절되었다. 시화호
안쪽에 있던 갯벌 지역은 육지로 변하거나 물에 잠기면
서 거의 사라졌다. 우여곡절 끝에 2012년에 조력발전소
가 공식 가동되면서 수위에 변화가 생기자, 시화호 안에
는 다시 갯벌이 형성되었다. 그 대부분은 현재 시화호 남
쪽에 펼쳐져 있다.

**1910년대 갯벌 추정 범위**

과거 시화호 주변의 개발
이 이루어지기 전인 1910년
대에 이 해역의 갯벌 면적은
165제곱킬로미터로 추정된
다. 그중 조력발전소의 가동
으로 드러난 갯벌은 20.3제
곱킬로미터에 불과하다. 이

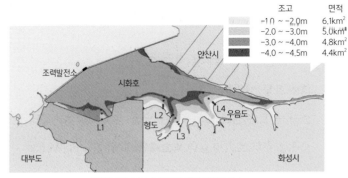

| | 조고 | 면적 |
|---|---|---|
| | −1.0 ~ −2.0m | 6.1km² |
| | −2.0 ~ −3.0m | 5.0km² |
| | −3.0 ~ −4.0m | 4.8km² |
| | −4.0 ~ −4.5m | 4.4km² |

**조력발전소 가동 후 드러난 갯벌 면적 모식도**

렇게 많은 면적의 갯벌이 소멸된 것은 간척과 개발로 육지로 변했기 때문이기도 하지만, 수위가 제한적으로 조절되는 것도 한 가지 원인이라 할 수 있다.

그래도 시화호 내 갯벌은 평균해수면을 기준으로 −1미터와 −4.5미터 조위 사이에 노출된다. 이러한 조위의 범위는 시화호의 관리 수위와 조력발전소 가동을 고려해 정한 것이다. 조위가 가장 낮을 때 드러나는 갯벌 면적은 여의도(면적 2.9km²)의 7배에 이른다. 썰물 때 시화호 물을 바깥쪽 바다로 방류시키면 갯벌 길이는 최대 3킬로미터나 된다. 특히 형도와 우음도 사이에 있는 넓은 갯벌은 군데군데 갯골[01]이 발달해 있고, 경사는 비교적 완만한 편이다.

•••
01 바닷물이 드나드는 갯가에 조수로 생긴 두둑한 땅 사이의 좁고 길게 들어간 곳

**형도 주변 갯벌** | 갯골이 길게 뻗어 있다.

갯벌 면적이 작지 않은 만큼 시화호 안에서도 갯벌 높이, 유속의 영향에 따라 갯벌을 구성하는 퇴적물 성분(모래, 실트:모래와 점토의 중간 굵기인 흙, 진흙)의 함량에 차이가 있다. 유속의 영향을 적게 받는 갯벌 상부는 점토의 함량이 상대적으로 높고, 반대의 경우에는 모래의 함량이 증가한다.

갯벌 퇴적물에는 다양한 무기물과 유기물이 포함되어 있다. 유기물은 적정량을 초과하면 환경을 악화시킨다. 곧 유기물이 과다하게 있으면 이것을 분해하기 위해 많은 산소가 사용되고 결국 무산소, 또는 혐기성(용존산소, 질산이온이나 황산이온 같은 무기 결합산소가 고갈된 상태) 환경을 만들어 황화수소 또는 황화물을 발생시킬 수 있다. 이 물질들은 생물에 대해 독성을 가지고 있어 갯벌 생물도 생명에 위협을 받게 된다.

시화호 갯벌 퇴적물 중 유기물은 조력발전소 가동 전에는 최대 8퍼센트를 초과하기도 하였지만, 가동 2년 후에는 2퍼센트 이내로 감소하여 환경이 많이 개선되었다. 하지만 그 뒤로도 갯벌의 상부에서 유기물이 불규칙적으로 증가하는 현상을 보여, 이에 대한 관심을 갖고 원인 분석과 문제 해결에 노력해야 할 것이다.

## 시화호로 돌아온 생물

시화호가 만들어진 후 시화호 수질을 비롯해 호수 바닥 퇴적물과 갯벌 환경의 악화로 여러 생물종이 사라지면서 시화호의 생물다양성이 낮아졌다. 시화호에는 오염에 강한 종이 번성하거나, 용존산소가 없어짐에 따라 아예 생물이 살 수 없는 무생물 상태가 반복되었다. 하지만 시화호는 바닷물을 교환하고 조력발전소를 가동시키는 것을 계기로 환경이 개선되면서 사라졌던 생물들이 새롭게 정착하는 전환점을 맞이하였다. 갯벌이 드러나면서 이곳을 터전으로 삼고 살아가려는 생물들이 줄을 이어 찾아오고 있다.

### 시화호 해역의 저서 생태계 변화

조력발전소 가동 후에는 여름철이면 시화호 저층의 물에서 나타나던, 산소가 부족하거나 없는 현상이 발생하지 않고 대형 저서동물의 출현 종수가 증가하였다. 또한 서식밀도도 일정한 상태를 유지하였다. 특히 조력발전소 가동 전에는 썰물 때에도 물에 잠겨 있는 시화호 조하대에서 가장 많이 살던 두줄박이참갯지렁이(*Neanthes succinea*)와 폴리도라코르누타(*Polydora cornuta*)가 출현하지 않았다. 오염된 환경에서 잘 살아가는 오염 지시종에 해당하는 이 생물들이 사라진 것은 환경이 개선되고 있다는 긍정적인 신호이다.

시화호 조하대의 생물다양도 지수 또한 방조제 완공 후에는 급격하게 감소하였지만, 배수갑문으로 호수 안과 밖의 바닷물을 서로 교환하여 수질을 개선하자 다양도 지수가 변화하는 모습을 보였다. 특히 저층수에 산소가 부족하거나 없는 시기에 다양도 지수가 감소했으며, 산소가 부족하거나 없는 수층이 사라지면 다양도 지수가 다시 증가하는 경향이 반복되어 나타났다.

조력발전소 가동 후의 다양도 지수는 방조제를 완공하기 전 수준으로 회복되었다. 뿐만 아니라 발전소 가동으로 시화호 조하대의 염분, 용존산소, 유기물, 영양염류 등에 관한 환경이 개선되면서 대형 저서동물의 군집과 우점종의 변화가 나타났다. 숭어, 농어, 노래미, 망둥어, 전어, 꽃게, 피뿔고둥 등도 출현하고 있다. 하지만 시간이 지남에 따라 다양도 지수는 조금 감소하는 경향을 보였다.

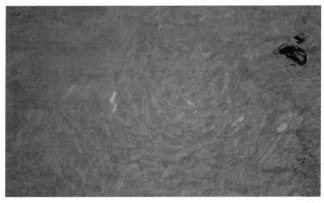

**인공습지의 숭어 떼**

시화호 저서 생태계는 조력발전소 가동을 기점으로 개선되고 있는 것으로 볼 수 있지만, 아직도 오염 지시종들이 출현하고 있는 것을 보면 저서 생태계가 완전히 회복된 것은 아니라고 할 수 있겠다.

### 시화호 갯벌의 저서 생태계 변화

시화호 갯벌에 돌아온 대표적인 생물로는 조개, 게, 지렁이를 들 수 있다. 조력발전소 가동 후, 시기에 따라 다르지만 조개는 바지락, 가무락, 동죽, 맛, 게는 갈게, 방게, 칠게, 세스랑게, 농게, 흰발농게, 엽낭게, 펄털콩게, 갯지렁이는 붉은집참갯지렁이, 등가시버들갯지렁이, 남방백금갯지렁이, 흰이빨참갯지렁이 등이 자리를 잡기 시작하였다.

시화호 남쪽 갯벌 지역에서 서식하는 생물 중에서 대표적으로 조개를 살펴보겠다.

바지락은 백합과에 속하는 조개로, 우리나라에서 많이 소비하는 조개 중 하나이다. 시화호 개발사업으로 사라졌던 바지락은 바닷물을 정기적으로 시화호로 유입시키던 2000년대 중반쯤, 비록 좁은 지역에 제한적으로 볼 수 있던 개체군이었지만 처음으로 그 모습을 드러냈다. 시화호 환경이 큰 문제를 안고 있던 상황에서는 바지락이 성장도 느렸고, 갑작스레 폐사하기도 하였다. 그러나 조력발전소 가동으로 해수 유통량이 크게 늘면서 배수갑문 주변에 대규모의 바지락 개체군이 형성되었고, 시화호 내 다른 갯벌로 서식지를 넓혀갔다. 2016년에는 바지락의 서식밀도가 1제곱미터당 76개체에 이르렀는데, 이후에는 서서히 감소하였다. 최근에는 높은 서식밀도를 나타내는 지역도 배수갑문 주변에서 우음도와 형도 주변으로 바뀌었다.

가무락은 백합과에 속하며, 일명 모시조개로 불린다. 껍데기는 전체적으로 검지만 가장자리로 갈수록 흰색을 띤다. 조력발전소를 가동한 이후에 나타나기 시작하였고, 2014년에는 1제곱미터당 21개체가 서식하는 것으로 관찰되었지만 바지락과 마찬가지로 최근에는 서식밀도가 감소하였다. 특히 배수갑문 주변과 우음도 주변에서 개체수 감소가 뚜렷하였다.

동죽은 개량조개과에 속하며 불통이, 물통조개 등의 방언으로 불리기도 한다. 시화호 개발 이전의 지역을 포함하는 경기만에서 대표적인 패류 자원이었다. 서식밀도는 2014년과 2016년에는 1제곱미터당 각각 27개체와 34개

가무락

맛조개

바지락

동죽

쏙

흰이빨참갯지렁이

엽낭게

체가 분포하였지만, 2017년부터는 1제곱미터당 10개체 이하로 급감하였다. 2016년에 서식밀도가 높았던 배수갑문, 형도, 우음도 주변은 최근에 두드러지게 감소하였다.

맛조개는 비교적 얇고 가늘며 길쭉한 껍데기를 가지고 있다. 껍데기는 대나무색을 띠며, 갯벌 속에 직선형의 구멍을 파고 산다. 서식밀도는 2014년부터 증가하여 2016년에는 1제곱미터당 52개체로 최고치를 기록하였지만, 이후 감소하여 2018년과 2019년에는 1제곱미터당 20개체 미만이 되었다. 갯벌 체험에서 바지락, 동죽, 가무락은 호미로 캐는 경우가 흔한데, 맛조개는 서식굴에 화살 모양의 철사를 집어넣어 잡기도 하고 소금을 뿌려서 튀어나온 것을 손으로 잡기도 한다.

조개의 서식밀도 변화에서 보듯이 최근 패류의 서식밀도가 점점 줄어들고 있다. 이러한 현상이 나타나는 이유는 패류 서식 지역에 접근하기가 쉬워 주민과 관광객들이 무분별하게 대량으로 채취하기 때문이다. 그러므로 주민과 관광객들은 시화호의 생물들이 한때 사라졌던 사실을 잊지 말고 이들을 보호하는 마음을 가져야 할 것이다. 또한 관계 부처와 관리자들도 수산자원 생물 개체군의 지속

성이 위협 받는 상황에 있다는 것을 기억하고, 해양환경
과 수산자원의 관리에 힘을 쏟아야 할 것이다.

보호 생물 출현

오염된 시화호의 환경이 개선되었다는 것을 보여주는
상징적인 생물이 2016년에 출현하였다. 그것은 환경부가
멸종위기보호종(2급)으로 그리고 해양수산부가 해양보호
생물로 지정한 흰발농게(*Uca lactea*)였다.

흰발농게는 2016년 형도 동쪽의 갯벌 상부 조간대에서
처음 발견되었는데, 2018년까지 서식지가 확대되면서 개
체수도 증가하여 2019년에는 형도와 우음도 사이의 상부
조간대와 우음도 인근의 상부 조간대까지 서식 범위가 넓
어졌다. 안타깝게도 개체수는 2018년과 비교했을 때 감
소하였다.

해양수산부에서 지정한 해양보호생물인 흰이빨참갯
지렁이(*Periserrula leucophryna*)는 2013년에 출현한 후 개체수가
늘고 서식지 면적이 증가하는 추세이다. 하지만 시화호
남쪽에서 이루어지는 개발사업이 환경을 악화시키고, 서
식지를 훼손할 수 있으므로 이 생물들에게는 위협 요인이

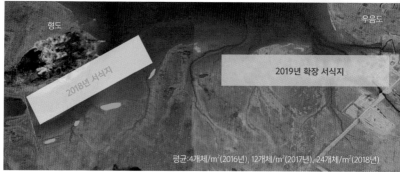

형도

우음도

2018년 서식지

2019년 확장 서식지

평균:4개체/m²(2016년), 12개체/m²(2017년), 24개체/m²(2018년)

**시화호 갯벌의 흰발농게 서식지 변화**

다. 따라서 시화호 갯벌에 서식하는 멸종위기보호종이나 해양보호생물인 흰발농게와 흰이빨참갯지렁이의 서식지와 개체수에 대한 지속적인 조사를 통해 체계적으로 관리할 필요성이 있다.

### 서식굴

갯벌에 사는 게나 갯지렁이, 조개와 같은 생물은 포식자가 나타나거나 자연적으로 위협적인 상황에 놓이면 어디로 도망치고, 몸을 숨길까? 갯벌을 걷다 보면 이름도 알 수 없는 작은 게들이 열심히 개흙을 먹고 콩알 모양의 흙

뭉치나 흙더미를 만들어내거나, 사람이 접근하기도 전에 재빨리 구멍으로 피신하는 모습을 볼 수 있다. 이처럼 갯벌에 서식하는 생물들은 퇴적물 속에 구멍(굴)을 파고 자신들만의 독특한 집을 지어 생활한다.

서식굴이 가지는 몇 가지 의미 있는 점을 살펴보자. 첫 번째는 썰물이 되어도 굴속에 고인 물이 생물의 몸을 촉촉하게 해주고 산소를 공급해서 생존을 가능하게 한다. 두 번째는 포식자로부터 안전하게 자신을 지킬 수 있다. 세 번째는 굴속에서도 먹이활동을 할 수 있다. 마지막으로 굴속으로 바닷물이 드나들면서 퇴적물 속의 오염물질을 정화하는 데 도움을 받을 수 있다.

한 예로 시화호 갯벌에 서식하는 저서동물 중 큰 서식굴을 가진 종으로 가재붙이와 흰이빨참갯지렁이가 있다. 가재붙이의 경우, 다 자란 성체도 몸길이가 10센티미터보다 작다. 이 생물이 만든 굴은 여러 층의 빌딩 모양으로 생겼으며, 갯벌 표면으로부터 퇴적물 속으로 142센티미터 깊이까지 내려가고 길이가 총 840센티미터나 되었다. 갯벌 표면적 1제곱미터에 가재붙이가 만든 퇴적물 내 굴의 표면적은 최대 10.4제곱미터에 이르며, 수십 리터의 물을

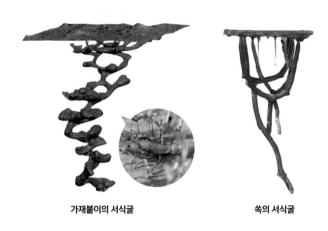

**가재붙이의 서식굴**　　　　　　　　**쏙의 서식굴**

담을 수 있다. 이는 갯벌이 엄청난 양의 바닷물을 지닐 수 있음을 보여주는 사례이다.

생물이 만든 서식굴은 산소를 퇴적물 깊숙한 곳까지 공급해 유기물이 분해될 수 있는 범위와 깊이를 넓혀준다. 과거엔 대부분 버려진 땅으로 인식되던 갯벌이 이제는 오염물질을 정화하는 하수처리장과 같은 기능을 하는 자연의 선물로 평가 받고 있다.

**6부**
......

# 남은 과제와
# 교훈

# 남은 과제들

시화호의 수질이 급격히 악화한 1996년 이후 거의 25년에 걸쳐 시화호의 오염 문제를 해결하려는 노력이 계속되었고, 이는 지금까지도 단계별로 실행되고 있다. 이렇게 오랜 기간의 노력 덕분에 현재 시화호의 환경과 생태계는 오염되었을 당시와 비교하면 눈에 띄게 좋아진 상태이다. COD(화학적산소요구량)가 17mg/L를 넘던 시화호의 수질은 3.0mg/L 미만으로 내려갔고, 갯벌엔 바지락, 칠게 등 점점 더 다양한 생물들의 서식이 확인되고 있다.

앞서 언급했지만 2016년부터는 갯벌 생물로는 드물게 멸종위기보호종으로 지정되어 있는 흰발농게도 관찰되고 있다. 또한 해마다 큰고니, 저어새, 노랑부리백로, 검은머리물떼새와 같은 멸종위기 야생조류들이 시화호를 찾고 있다. 환경오염의 대명사였던 시화호가 이제는 생태계의 보고로 탈바꿈하는 전환점에 서게 된 것이다.

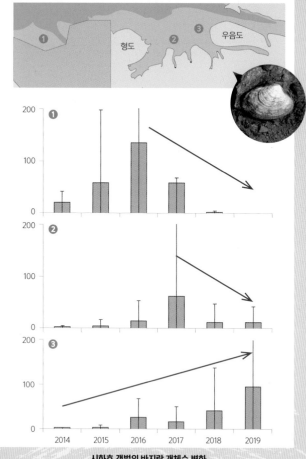

시화호 갯벌의 바지락 개체수 변화

**시화호를 가로질러 건설된 송전탑**

**시화호 갯벌에서 패류를 채취하는 사람들** | 무분별한 패류 채취는
오랜 노력 끝에 서서히 살아나고 있는 시화호 생태계를 위협한다.

**불법어업 단속을 위해 미리 알리는 현수막**

하지만 아직 문제가 완전히 해결된 것은 아니다. 최근 시화호의 수질은 더 이상 좋아지지 않고 있으며 바지락, 가무락 등 식용 패류에 대한 불법어획이 이어지면서 갯벌 생태계의 개선도 점점 느려지고 있는 상태이다. 더욱이 시화멀티테크노밸리와 송산그린시티, 국제테마파크 등 시화호 유역에서 진행 중인 대규모 개발사업들은 앞으로 시화호 유역에 살거나 찾아오는 사람들의 수를 크게 증가시켜 수질 악화 등 환경오염 문제를 다시 일으킬 여지를 두고 있다.

"죽음의 호수"라 불릴 정도로 극심했던 환경오염의 경험과 이를 개선하기 위한 예산은 현재까지 1조 5천억 원 정도 투입되었다. 지금 첫 번째로 꼽아야 할 중요한 과제는 현존하는 시화호 환경의 위험 요인을 관리하는 것이다. 가까스로 좋아진 시화호의 환경과 생태계를 보존하기 위한 노력은 이제부터가 시작이라 할 수 있다. 다행인 것은 25년여 간 시화호의 환경을 개선하고자 노력하면서 여러 가지 경험과 노하우를 쌓아왔다는 점이다.

두 번째로는 생태계에 대한 관리가 필요하다는 것이다. 최근 시화호의 갯벌이 살아나면서 특히 식용으로 쓰는 갯벌 생물들을 무분별하게 남획하는 일이 잦아지고 있다.

세 번째로는 해양환경관리를 위한 힘을 키우는 것이다. 시화방조제를 만들 때부터 시화호의 환경오염을 우려하는 목소리들이 있었지만, 해양환경에 대한 인식이 높지 않았던 당시에는 그러한 전문가의 걱정을 무시하였다. 물론 지금은 그때보다 환경에 대한 인식이 나아지긴 했다. 그러나 시화호의 환경보존을 위한 노력이 지속적으로 이루어지려면 행정기관을 포함해 보다 많은 사람들이 해양환경에 관심을 갖고 깊이 고민해야만 한다.

마지막으로 네트워크를 강화해야 한다. 시화호는 바다와 같이 크고 넓다. 약 154제곱킬로미터에 이르는 수면을 가진 시화호의 환경을 효과적으로 통제하고 감독하기 위해서는 정부와 시민 그리고 기업들까지, 시화호와 관련된 모든 사람들이 참여하고 협력해야 할 것이다.

## 환경오염 예방

시화호의 환경을 지금보다 더 개선시키려면 어떻게 해야 할까? 가장 근본적인 대책으로는 육지에서 시화호로

자연증가 + 삭감계획 + 개발계획 = 허용총량

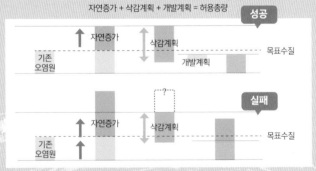

**오염총량관리의 개념도** | 육상의 총량관리 개념을 연안 지역에 도입, 적용한 것을 연안오염총량관리라고 한다.

들어오는 오염물질의 양을 적극적으로 줄여야 한다. 구체적으로는 대규모 개발사업을 추진할 때 환경과 생태계에 미치는 영향을 최소화하도록 하는 저영향개발기법(Low-Impact Development)을 적용하고, 진공 청소차를 운영하여 도로 위의 오염물질이 하천으로 유입되지 않도록 해야 한다. 또한 하수관과 우수관을 지속적으로 정비하여 산업단지 내 오염물질이 제대로 처리될 수 있도록 해야 한다. 그리고 폐수 배출업체가 정상적인 절차를 거쳐 오염물질을 배출할 수 있도록 행정기관에서는 지속적으로 관리, 감독해야 한다.

제도적 측면에서는 해양수산부에서 2013년 7월부터 운영 중인 「시화호 연안오염총량관리」를 보다 적극적으로 시행할 필요가 있다. 연안오염총량관리란 개발사업 등으로 육지에서 오염물질이 발생할 경우, 동시에 오염물질을 줄이는 조치를 하여 바다로 흘러 들어오는 것을 제한함으로써 수질을 개선하는 제도이다.

현재 시흥시와 안산시, 화성시, 군포시가 참여하고 있는데, 2017년 이후 시화호의 수질이 더 이상 좋아지지 않고 있는 것을 고려하면 이 시들이 보다 적극적으로 오염물질을 줄이도록 노력해야 할 것이다.

## 해양환경관리를 위한 역량 키우기

다시 말하지만 1994년 시화방조제가 완공되었을 때, 154.2제곱킬로미터에 이르는 방대한 면적을 가진 시화호가 단 2년 만에 시커먼 색을 띤 죽음의 호수로 변할 것이라고는 아무도 예측하지 못했다. 방조제 조성을 결정할 당시에도 시화호의 수질오염을 우려하는 목소리가 있었으나 정책결정자들은 그것에 크게 개의치 않았다. 이 역시 환경에 대한 무지와 부주의의 결과였을 것이다. 환경오염은 대부분 인간의 고의나 인식 부족으로 발생하는 경우가 많기 때문이다.

인간이 바라보는 바다는 정말 광활한 곳이다. 바다는 인간에게 풍부한 수산자원을 제공해준다. 더불어 인간이 육지에서 배출하는 모든 찌꺼기를 가뿐히 수용해줄 수 있을 것 같은 포용력마저 느끼게 한다. 집 근처에 있는 하천과 달리 바다는 대체로 지리적으로 멀리 떨어져 있어 관심 밖의 대상인 경우가 많다. 그래서 우리가 내보내는 찌

**시화호 환경교육을 위한 시민 캠페인**

**시화호대회 개최** | 시화호를 관리하는 중앙정부와
시화호 유역 지방자치단체, 민간단체 등이 함께
시화호 현안을 고민하고 토론하였다

**시화호 시민모니터링학교 교육 개최**

꺼기가 어떤 경로를 통해 바다를 오염시키는지에 대한 인
식이 많이 부족했다. 실제로 시화호의 환경오염 문제가
전국적으로 떠들썩하기 전까지는 환경에 관심 있는 사람
들조차 해양환경에 대해서는 무심한 경우가 많았다.

　하지만 바다는 무한한 환경수용력을 가진 자원이 아니
다. 인간의 활동으로 발생하는 오염물질은 어떤 처리를
거치든 최종적으로는 하천을 따라 바다로 들어간다. 가정
에서 나오는 하수는 하수처리장을 거쳐 바다로 방류되고,
사람들이 길에 버린 담배꽁초나 자동차를 운행할 때 나오

는 여러 가지 오염물질은 도로에 쌓여 있다가 빗물을 타고 하천을 거쳐 바다로 흘러든다. 사업장에서 발생하는 폐수도 결국엔 바다로 유입된다. 사람들이 강가나 바닷가에서 무단으로 투기하는 쓰레기는 말할 것도 없다.

결국 해수를 유통시켜 물을 희석했던 과거의 사례에서 알 수 있듯이, 일단 오염물질이 바다로 유입되면 그것을 처리하는 것은 매우 어렵다. 따라서 시화호의 환경을 보존하기 위해서는 육지에서 들어오는 오염물질의 양을 줄이는 예방 차원의 조치가 가장 효과적일 수밖에 없다. 그런데 이러한 예방적 조치는 기관과 시민들의 해양환경에 대한 민감도를 높여야 가능하다. 특히 중앙정부와 지방자치단체는 해양환경에 대한 인식과 예방적 조치의 중요성을 지속적으로 홍보·교육함으로써 담당 공무원들의 적극적인 조치와 시민들의 자발적 참여를 이끌어내야 할 것이다.

## 협력 관계 강화

2000년에 정부에서 시화호 담수화 계획을 철회하고 시화호를 해수호로 유지하기로 결정하면서 2002년 '시화호

관리위원회'가 설치되었다. 지금까지 운영되고 있는 시화호관리위원회는 해양수산부를 비롯해 환경부, 산업자원통상부, 국토교통부 등의 중앙부처와 경기도, 안산시, 화성시, 시흥시, 군포시 등의 지방자치단체, 한국수자원공사 및 한국농어촌공사 등의 공공기관, 지역의 시민 단체 등 다양한 이해관계자들이 참여하고 있다.

육지에서 발생한 오염물질이 하천을 통해 바다로 흘러들고, 다시 이 오염물질을 저감하고자 여러 대책들을 수립하여 시행하는 과정에는 중앙정부와 지방자치단체, 기업체 그리고 일반 가정에 이르기까지 정말 다양한 사람들이 관련되어 있다. 이들은 오염물질을 내놓기도 하고, 오염을 막기도 하는 등 복합적인 역할을 한다.

예를 들어 오염물질은 주로 기업체와 일반 가정에서 발생하고 중앙정부와 지방자치단체는 오염물질을 처리한다고 생각한다. 하지만 도시 계획 수립 등을 통해 지방자치단체와 중앙정부에서 오염물질 발생 원인을 제공하고, 환경단체에 속한 시민이 일반 기업이나 지방자치단체 등을 상대로 강력한 환경개선대책을 요구하거나 대책 수립 과정에 참여하기도 한다. 이 때문에 특정지역의 환경

**시화호관리위원회 개최**

을 개선하기 위해서는 여러 기관과 단체들이 함께 협의하여 달성 가능한 목표를 세우고, 목표를 이루기 위한 구체적인 대책을 세운 뒤 이를 실천하는 것이 효과적이다.

시화호관리위원회 역시 이와 같은 목적으로 조직되었다. 시화호관리위원회에서는 참여기관들 간의 협의와 조정을 통해 시화호의 해양환경 관리를 위한 「시화호 종합관리계획」과 시화호의 수질개선을 위한 「시화호 연안오염총량관리 기본계획」을 수립하고 이행을 도모한다. 그런데 최근 시화호 환경이 개선됨에 따라 해양 레포츠 등 시화호를 이용하고자 하는 수요가 높아지면서 시화호의 해양환경을 어느 수준으로 관리해야 할지에 대한 이해당사자 간 협의의 필요성이 높아지고 있다. 앞으로 시화호의 해양환경을 보다 효과적으로 관리하기 위해서는 이해당사자들 간의 협력적 네트워크에 기반한 관리 방안 수립과 이행이 무엇보다 중요할 것이다.

# 시화호가 남긴
# 교훈

## 연안통합관리의 중요성

시화방조제 완공 이전이던 1992년 유엔환경개발회의 (UNCED)에서 채택된 「의제21」에서 연안통합관리(Integrated Coastal Management, ICM)의 시행을 권고한 이래, 이미 국제사회는 연안을 통합적으로 관리하는 것이 매우 중요하다는 인식을 해오고 있었다.

연안통합관리란 연안의 환경을 보전하고 해양이 보유한 자원의 지속가능한 이용을 위해 중앙정부와 지방자치단체, 시민, 기업, 전문가 등 모든 이해당사자가 참여하는 협의체를 운영하여 유역 단위로 계획을 수립하고 이행하며, 평가를 통해 그 결과를 알리고 잘못된 것을 수정하는 순환관리체계라 할 수 있다.

시화호 연안에 대한 개발계획이 수립될 당시, 사람들에게 연안과 그 해역은 생태적·문화적·경제적 중요성에도 불구하고 관심의 대상이 되지 못했다. 당시 우리나라에서 연안 해역은 단지 새로운 땅을 제공해줄 간척사업의 대상일 뿐이었다. 또한 환경관리 측면에서도 상수원이나 하천의 경우보다 투입 예산이 현저히 낮게 책정되었다. 하지만 이후에 시화호라는 비싼 수업료를 내고 기존의 육지 중심, 개발 중심의 연안관리정책에 문제점이 있다는 것을 깨달았다.

1996년 발생한 시화호 수질오염 사건은 시화호 하면 곧바로 환경오염이 떠오를 정도로 국민들의 환경 인식에 큰 영향을 주었다. 환경오염으로 인한 피해를 눈앞에서 직접 보고 경험하면서 시화호 유역의 지역사회에서도 시화호 환경을 되살리기 위한 연대활동이 활발하게 일어났고, 중앙정부와 지방자치단체에서도 적극적인 자세로 문제 해결에 나서게 되었다. 환경을 고려하지 않은 개발로 피해를 실증해 보인 시화호의 사례는 연안환경관리 정책에 획기적인 전환점을 제공하였다.

해양수산부에서는 2001년 국내 최초로 연안통합관리

를 실행에 옮기고자 법적, 제도적 기반을 마련한 상태에서 「시화호 종합관리계획」을 수립하였다. 이는 기존의 부문별한 관리 방식에서 벗어나 육역과 해역의 통합, 관리주체 간 통합을 바탕으로 예방적 관리 체계를 갖추었다는 점에서 의의가 있다.

**동아시아해양회의(EAS)의 시화호 홍보 부스**

또한 해양수산부에서는 「시화호 종합관리계획」의 원활한 수립과 이행을 위해 앞서 언급한 바 있는 시화호관리위원회를 설치하

**동아시아해양환경협력기구(PEMSEA)의
시범해역 지방정부 간 회의**

였는데, 시화호와 관련한 여러 기관들이 계획의 수립과 이행, 평가에 직접 참여하게 함으로써 시화호 유역에 대한 순환관리체계를 확립하는 데 노력하고 있다.

## 환경을 고려한 이용과 개발

시화호에서 재앙과 같았던 환경오염 문제가 발생한 지 25년에 가까운 시간이 지난 지금, 시화호의 환경은 많이 좋아진 상태이며 관계 행정기관과 시민사회에서는 시화호 환경오염의 재발 방지를 위해 아직도 많은 노력을 기울이고 있다. 2001년 수립된 「시화호 종합관리계획」은 현재 4단계가 이행 중에 있으며, 바로 다음 해에 구성된 시화호관리위원회 역시 현재까지 운영되고 있다.

시화호의 환경오염은 결국 환경을 고려하지 않은 채 대규모 개발사업을 진행함으로써 발생한 인재라 할 수 있다. "고인 물은 썩는다"는 기본적인 전제를 무시한 채 간척사업을 추진함으로써 결국 대형 환경오염 사건이 발생한 것이다.

그렇다면 앞으로 이와 같은 환경오염을 방지하기 위해서 대규모 개발을 막아야만 할까? 이 질문에서는 세계적으로 경제개발과 환경보전에 대한 인식의 변화를 본다면 현명한 해법을 찾을 수 있다. 지금까지의 개발은 지켜야 할 미래의 환경보다는 경제성장을 더 중요하게 여겨온 게

| 기본 방향 | • 시화호 수질개선을 위하여 연안오염총량제 본격 실시<br>• 생태계 복원·관리를 통한 시화호 및 시화호 유역의 자원 이용 극대화<br>• 특별관리해역 연안통합관리체계 정비 및 역량 강화 |
|---|---|
| 비전 | "건강한 바다 호수, 아름다운 해안 도시, 함께하는 지역" |
| 목표 | • 시화호 유역의 환경개선 및 보전<br>• 해양환경 용량 범위 내에서 지속가능한 발전과 연안 자원 이용 |

**3단계 시화호 종합관리계획(2012~2018년)의 기본 개념**

**4단계 시화호 종합관리계획 수립**

사실이다. 하지만 이제는 경제성장을 이루는 것 못지않게 환경보전에 대한 것도 중요하게 고려하여 미래의 세대까지 지속적으로 살아갈 수 있도록 하는 것이 큰 흐름이 되었다.

시화호는 우리나라에서 처음으로 해양 환경오염의 심각성을 깨닫게 해준 곳이며, 그로 인해 연안에 대한 통합 관리가 처음 적용되었다. 결국 시화호는 해양환경관리에 대한 경험과 기술이 가장 잘 축적되어 있는 곳이라 할 수 있다. 이러한 경험과 기술은 시화호와 비슷한 상황을 겪고 있는 화성호, 새만금호를 비롯해 여러 연안들에 좋은

본보기로 작용할 수 있다. 특히 우리나라 서해는 자연 해안선을 보기 힘들 정도로 간척사업이 진행된 곳이 많고, 남해의 경우 자연적으로 반폐쇄성 지형을 가진 연안이 많아 시화호에서의 경험과 기술을 전파한다면 연안의 환경 관리에 큰 도움이 될 것이다.

건설교통부. 2006. 시화지구 장기종합계획.

국토해양부. 2011. 시화호 연안환경관리 백서. 모모새 비즈니스.

국토해양부. 2011. 시화호 해양환경 개선 사업.

동화사. 2008. 해양환경공학개론.

동화사. 2018. 해양환경공학개론.

이학곤. 2002. 갯벌환경과 생물. 아카데미서적.

연안보전네트워크. 2015. 시화호 생태문화와 지속가능 관광. 디자인창조.

최중기, 이은희, 노재훈, 허성회. 1997. 시화호와 시화호 주변 해역
식물플랑크톤의 대증식과 일차 생산력에 관한 연구. 한국해양학회지
「바다」, 2(2), 78-86.

한경구, 박순영, 주종택, 홍성흡. 1998. 시화호 사람들은 어떻게
되었을까-인류문화학자들의 현장 보고. 솔출판사.

한국민족문화대백과

한국산업단지공단. 2016. 한국산업단지총람.

한국수자원공사·농어촌진흥공사. 1995. 시화지구 담수호 수질보전대책
수립 조사보고서.

한국수자원공사. 1998. 시화호 수질관리대책수립 연구(최종보고서 초
안).

한국수자원공사. 2005. 어제의 시화호를 오늘의 레만호로.

한국수자원공사. 2006. 시화호 약사.

한국수자원공사. 한신대학교박물관. 2006. 시화호의 역사와 문화. 춘추각.

한국해양연구소. 1997. 시화호의 환경변화조사 및 보전대책 수립에 관한 연구 (1차년도). 한국해양연구소 보고서 BSPN 96325-985-4.

한국해양연구소. 1998. 시화호의 환경변화조사 및 보전대책 수립에 관한 연구 (2차년도). 한국해양연구소 보고서 BSPE 97610-00-1035-4.

한국해양연구소. 1999. 시화호의 환경변화조사 및 보전대책 수립에 관한 연구 (3차년도). 한국해양연구소 보고서 BSPE 98705-01-34.

한국해양연구소. 2000. 시화호의 해수화에 따른 환경변화 및 수질관리에 관한 연구 (1차년도). 한국해양연구소 보고서 BSPE 99751-00-1202-4.

해양수산부. 2014. 시화호 갯벌 이야기. 디자인창조.

해양수산부. 한국해양과학기술원. 2018. 시화호: 과거, 현재 그리고 미래. 탑프린팅.

해양수산부. 한국해양과학기술원. 2019. 시화호 생태계-저서생태계 장기 변동. 디자인창조.

홍재상, 정래홍, 서인수, 윤건탁, 최병미, 유재원. 1997. 시화방조제의 건설은 저서동물군집의 시·공간 분포에 어떠한 영향을 미쳤는가?. 한국수산학회지, 30(5), 882-895.

환경부. 1996. 시화호 수질개선종합대책.

환경부. 2001. 악취물질 발생원 관리방안 개선을 위한 조사연구.

https://terms.naver.com/

https://dict.naver.com/

https://oidomuseum.siheung.go.kr/ruins/greetings.hs

www.kicox.or.kr

https://www.reportworld.co.kr/eng/e1188365

Ahn, I. Y., Y. C. Kang and J. W. Choi. 1995. The influence of industrial effluents on intertidal benthic communities in Panweol, Kyeonggi Bay

(Yellow Sea) on the west coast of Korea. Mar. Pollut. Bull., 30(3), 200–206.

Lee, J. H. and J. H. Cha. 1997. A study of ecological succession of macrobenthic community in an artificial lake of Shihwa on the west coast of Korea: an assessment of ecological impact by embankment. Ocean Res., 19(1), 1–12.

Lee, C. B., Y. A. Park and C. H. Koh. 1985. Sedimentology and geochemical properties of intertidal surface sediments of Banweol area in the southern part of Kyunggi Bay, Korea. J. Oceanol. Soc. Korea, 20(3), 20–29.

Lee, C.H., B.Y. Lee, W.K. Chang, S. Hong, S.J. Song, J Park, B.O. Kwon, and J.S. Khim. 2014. Environmental and ecological effects of Lake Shihwa reclamation project in South Korea: A review. Ocean & Coast. Manage., 102, 545–558.

구본주_122쪽, 123쪽, 124쪽, 130쪽, 133쪽, 135쪽, 140쪽, 141쪽

김은수_26쪽, 59쪽

최종인_18쪽, 19쪽, 27쪽, 64쪽, 67쪽, 70쪽, 71쪽, 87쪽